四川工商职业技术学院

省级重点专业建设项目成果

U0296863

印刷材料应用与

检测技术

校 内 主 编 ◎ 方　燕　姚瑞玲

校外副主编 ◎ 刘激扬

西南交通大学出版社

·成 都·

图书在版编目（CIP）数据

印刷材料应用与检测技术／方燕，姚瑞玲主编. —
成都：西南交通大学出版社，2016.3（2022.1 重印）
ISBN 978-7-5643-4596-9

Ⅰ. ①印… Ⅱ. ①方… ②姚… Ⅲ. ①印刷材料 – 高
等职业教育 – 教材 Ⅳ. ①TS802

中国版本图书馆 CIP 数据核字（2016）第 042055 号

印刷材料应用与检测技术

主编　方　燕　姚瑞玲

责 任 编 辑	王　旻	
封 面 设 计	何东琳设计工作室	
出 版 发 行	西南交通大学出版社 （四川省成都市二环路北一段 111 号 西南交通大学创新大厦 21 楼）	
发 行 部 电 话	028-87600564　028-87600533	
邮 政 编 码	610031	
网　　　址	http://www.xnjdcbs.com	
印　　　刷	四川煤田地质制图印刷厂	
成 品 尺 寸	185 mm × 260 mm	
印　　　张	9.75	
字　　　数	244 千	
版　　　次	2016 年 3 月第 1 版	
印　　　次	2022 年 1 月第 2 次	
书　　　号	ISBN 978-7-5643-4596-9	
定　　　价	38.00 元	

　　为适应高职教育的发展，按照"以人为本，全面发展"的教育理念，强调学中做、做中学，"以服务为宗旨，以就业为导向"的职业教育思想，从封闭的学校教育走向开放的社会教育，本书的编写由学校教师和企业高级技术人员共同参与完成。由于本课程要求学生掌握的知识系统庞大，课堂上不可能面面俱到，因此有意识地选择胶印中常用的纸张、油墨、版材、橡皮布及润版液等材料的物理、化学组成，性能检测及质量评价方法，就尤为重要。使学生学习本课程后，能根据产品的用途及要求正确选择材料和合理使用材料，能够分析解决生产中出现的技术问题。

　　本书内容选取是根据专业的人才培养目标和学生特点，有针对性地对教学内容进行了整合和梳理，充分体现了高职教育的特点。具体内容设置：项目一为纸张性能检测，从纸和纸板的分类、规格、物理性能、光学性能、化学性能等方面对纸张承印材料进行分析，结合实际生产实践项目，巩固理论知识，夯实操作能力；项目二为纸张适性调节，主要从影响纸张印刷适性的外界因素（温度、湿度等）出发，在印前对纸张进行调湿处理，使其达到最佳的印刷状态；项目三为油墨性能检测，介绍了油墨的物理性能、光学性能、油墨本身的拉丝性、黏度等参数的含义及基本测定方法，旨在使学生由浅入深地了解、熟悉并最终掌握油墨材料的检测方法、油墨制备方法（人工调墨、计算机配墨）；项目四为油墨适性调节，油墨的结皮是常见的印刷故障，结皮后的油墨印刷的图文清晰度不够、印迹不全、无法上墨等，本项目主要介绍了印前设计中对油墨使用设计调整、印刷过程中油墨的结皮处理以及印后余墨的回收工艺，即从环保、节约油墨资源的角度出发，给出了油墨回收利用的可行性方案；项目五为版材输出及性能检测，介绍了印版检测指标（留膜率、空白密度）等的测定方法，印版图文再现检测信号条的使用方法，以及印版标准化曲线的制作；项目六和项目七分别针对橡皮布和润版液材料的应用及检测技巧给予介绍。整个教学内容完整详细，为学生全面学习提供了坚实的理论和实践指导。

　　本书是根据编者在教学过程中收集的相关教学资料和工厂实践经验而进行编写的，通俗简明，既有实际操作，又注重相关经验的理论讲解。因此，本书适合作为高职高专包装印刷类专业学生用教材，也适合从事材料采购、营销的生产一线的技术人员阅读。

本书共包括七个项目，项目一和项目二由四川工商职业技术学院方燕编写，项目三、项目四、项目五由四川工商职业技术学院姚瑞玲编写，其中项目五中的任务4由东莞职业技术学院张彦粉参编，项目六和项目七由永发印务有限公司（四川公司）刘激扬编写，全书由方燕统稿。由方燕、姚瑞玲担任主编，由四川工商职业技术学院副教授刘渝及永发印务有限公司品管部部长王晓担任主审。

本书在编写过程中还参考了大量的印刷企业前辈和教育同仁的专业书籍、专业论文，同时得到了四川工商职业技术学院的领导和专家以及永发印务有限公司、四川邮电印务有限公司、重庆金雅迪彩印有限公司（成都分公司）的大力支持，在此向他们表示感谢。印刷材料应用与检测技术涉及的学科和范围很广，书中难免出现疏漏和不妥之处，恳请各位专家和读者批评指正。

编　者

2015 年 11 月于成都

项目一　纸张性能检测

【背　景】

在现代生活中，纸张是传播知识和文化的主要媒介，它对工业、商业、教育各行业的发展是必不可少的，在现代的纸张印刷过程中，纸张的因素对印刷品质量的影响最大，不仅要考虑纸张本身的质量问题，还要考虑纸张的印刷适性。由于造纸所用的原料的区别和加工过程的不同，纸张的性质千差万别，但无论什么纸，其基本是植物纤维加入填料、胶料、色料等成分加工而成的一种非匀质材料。在纸张生产与印刷过程中对纸张的性能测试必不可少。

【能力训练】

任务 1　试样的采取及准备

（一）任务解读

为了保证产品质量，给用户提供合格的产品，除了生产上按时对产品进行取样检查外，在交付使用前，用户也要对整批产品进行抽样检查。抽样的原则是取样尽量要有代表性。

（二）设备、材料及工具准备

（1）切纸刀，如图 1.1 所示。
（2）纸样。

图 1.1　切纸刀

（三）课堂组织

分组，5人1组，实行组长负责制；每人领取1份实训报告，取样及试样准备结束时，教师根据学生操作及方法进行点评；现场按评分标准在报告单上评分。

（四）操作步骤

按检测所规定的尺寸大小，用切纸刀从纸样上切取一定长宽的纸条或纸片，并注明其纵、横向和正、反面。对有缺陷和有纸病的纸样应废弃不用。

任务2　纸张表观性能的测定

一、纸张纵、横向的鉴别

（一）任务解读

纸和纸板经造纸机成型后具有一定方向性。通常把纸张分为纵横两个方向：与造纸机运行平行的方向为纵向；垂直于造纸机运行的方向为横向。

纸张的许多性能因纵、横向的不同而有差别，如抗张强度和耐折度，其纵向大于横向，撕裂度则横向大于纵向。很多纸张在使用时要求纵、横向强度尽量接近一致，但有些纸则要求纵向强度要大。因此，在测定纸张的性能时，一定要区别其纵、横向。图1.2所示为抄纸机，图1.3所示为纸张成型过程中纵横向的确定的示意图。

图1.2　抄纸机

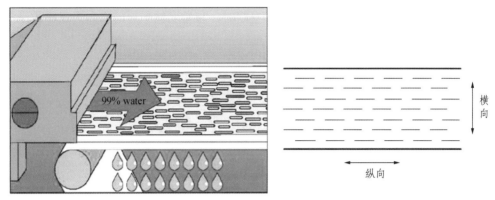

图 1.3　纸张成型过程中决定纸张的纵横向

（二）课堂组织

分组，5 人 1 组，实行组长负责制；每人领取 1 份实训报告，鉴别纸张的纵、横向结束时，教师根据学生操作及方法进行点评；现场按评分标准在报告单上评分。

（三）鉴别方法

未经起皱处理（含弹性处理）的纸的纵、横向按下述方法之一测定：

1. 纸条弯曲法

平行于原样品边，取两条相互垂直的长约 200 mm、宽约 15 mm 的试样，将试样平行重叠，用手指捏住一端，使其另一端自由弯向手指的左方或右方。如果两个试样重合，则上面的试样为横向；如果两个试样分开，则下面的试样为横向。

纸条弯曲法如图 1.4 所示。

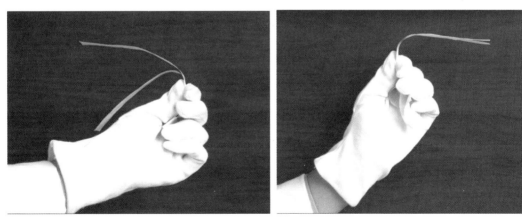

图 1.4　纸条弯曲法

2. 纸页的卷曲法

平行于原样品边，切取 50 mm×50 mm 或直径为 50 mm 的试样，并标注出相当于原试样边的方向，然后将试样漂浮在水面上，试样卷曲时，与卷取轴平行的方向为试样的纵向。纸页的卷曲法如图 1.5 所示。

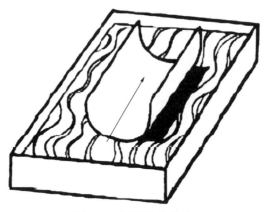

图 1.5　纸页的卷曲法

3. 强度鉴别法

按照试样的强度分辨方向。平行于原样品边切取两条相互垂直的长 250 mm、宽 15 mm 的试样，测其抗张强度。一般情况下抗张强度大的方向为纵向。如果通过测定试样的耐破度来分辨方向，则与破裂主线垂直的方向为纵向。

4. 纤维定向鉴别法

由于试样表面的纤维沿纵向排列，特别是网面上的大多数纤维是沿纵向排列的，观察时应先将试样平放，使入射光与纸面约成 45°角，视线与试样也约成 45°角，观察试样表面纤维的排列方向。在显微镜下观察试样的表面，有助于识别纤维的排列方向，如图 1.6 所示。

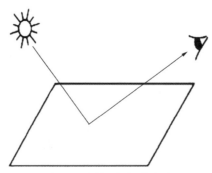

图 1.6　纸页定向观察法

二、纸张正、反面的鉴别

（一）任务解读

纸张分正、反两个表面，是纸张在成型的时候决定的。贴向铜网的一面为反面，亦称网面；接触毛毯的一面为正面，亦称毛毯面。纸张的反面固有网痕，加之细小纤维流失本人，因而使纸面较粗糙且疏松，正面相对较紧密。纸张两面结构组成的差异，使纸张的一些性能如平滑度、白度、施胶度等因纸张正、反面而呈现差别，成为纸张的两面性。图 1.7 所示为放大后的纸张正反面，从施胶程度就可以准确鉴别。

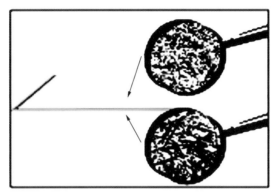

图 1.7　纸张正反面放大图

（二）课堂组织

分组，5 人 1 组，实行组长负责制；每人领取 1 份实训报告，鉴别纸张的正反面结束时，教师根据学生操作及方法进行点评；现场按评分标准在报告单上评分。

（三）鉴别方法

纸张的正、反面可以选用以下方法中的一种进行鉴别。

1. 直观法

折叠一张试样，观察一面的相对平滑性，从造纸网的菱形压痕可以辨别出网面。将试样放平，使入射光与试样约成 45°角，视线与试样也约成 45°角，观察试样的表面，如果发现网痕，即为反面，也可在显微镜下观察试样，有助于识别网面。

2. 润湿法

用热水或稀氢氧化钠溶液浸渍试样，然后用吸水纸将多余的溶液吸掉，放置几分钟，观察两面，如有清晰的网印，即为反面。

3. 撕裂法

用一只手拿试样，使其纵向与视线平行，并将试样表面接近于水平放置。用另一只手将试样向上拉，使试样首先在纵向上撕裂。然后将试样撕裂的方向逐渐转向横向，并向试样边缘撕去。反转试样，使其相反的一面向上，并按上述步骤重复类似的撕裂。比较两条撕裂线上的纸毛，一条线上比另一条线上应起的毛显著，特别是纵向转向横向的曲线处，起毛明显的为网面向上，如图 1.8 所示。

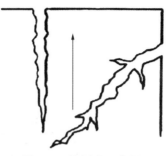

图 1.8　撕裂法示意图

三、纸和纸板尺寸及偏斜度的测定

（一）任务解读

纸张的尺寸及偏斜度将影响印刷是否正常进行，所以要求纸张的尺寸准确。适用于各种平板、卷筒及卷盘的纸和纸板，不适用于有皱纹的纸张。

（二）设备、材料及工具准备

（1）设备：用分度值 1 mm、长度 2 000 mm 的钢卷尺。
（2）材料：待测纸样。

（三）课堂组织

分组，5 人 1 组，实行组长负责制；每人领取 1 份实训报告，测定结束时，教师根据学生测定过程及测定结果进行点评；现场按评分标准在报告单上评分。

（四）测定步骤

1. 尺寸的测定

（1）平板纸的尺寸是用分度值 1 mm、长度 2 000 mm 的钢卷尺来测量的。
从任一包装单位中取出三张纸样测定其长度和宽度，测定结果以平均值表示，准确至 1 mm。
（2）卷筒纸只测量卷筒宽度，其结果以测量 3 次的平均值表示，准确至 1 mm。
（3）盘纸的尺寸是测量卷盘的宽度，其结果以测量 3 次的平均值表示，准确至 0.1 mm。应用精度 0.02 mm 的游标卡尺进行测量。

2. 偏斜度的测定

（1）平板纸和纸板的偏斜度是指平板纸的长边（或短边）与其相对应的矩形长边（或短边）的偏差最大值，其结果以偏差的毫米数或偏差的百分数来表示。

（2）从任一包装单位中抽取 3 张纸样（纸板取 6 张纸样）进行测定。

（3）将平板纸按长边（或短边）对折，使顶点 A 与 D（或 A 与 B）重合，然后测量偏差值，即 BC（或 CD）两点间的距离（见图 1.9）。测量应准确至 1 mm。

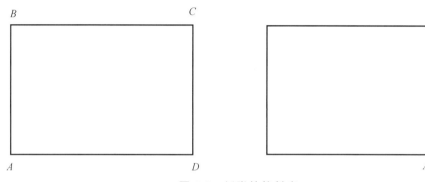

图 1.9　纸张的偏斜度

（4）若平板纸板较厚不易折叠，可将两张纸板正反面相对重叠，使正面的点 A 与 D 分别与反面的 D' 与 A' 重合，然后测量偏差值，即 BC'（或 CB'）两点间的距离（见图 1.10）。测量应准确至 1 mm。

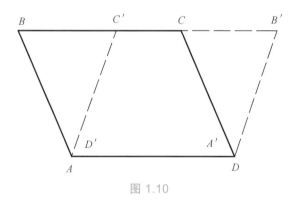

图 1.10

（五）结果表示

（1）以平均值表示测定结果。

（2）如果用偏差的毫米数表示偏斜度，卷盘纸修约至 0.1 mm，其他修约至整数。

（3）如果用偏差的百分数表示偏斜度，其结果保留两位有效数字，并按式（1.1）进行计算。

$$r = \frac{d_1}{d_2} \times 100\% \qquad (1.1)$$

式中　r——偏斜度；

　　　d_1——偏差值，mm；

　　　d_2——边长，mm。

任务3　纸张定量、厚度、紧度的检测

一、纸张定量的检测

（一）任务解读

纸张的定量是表示纸张一个平方米的质量，以克/平方米（g/m²）表示。测定试样面积和它们的质量，并计算定量。一般来说，纸张的定量越大，纸张越厚。

（二）设备、材料及工具准备

（1）切样设备：用切纸刀或专用裁样器裁切试样。

（2）纸样：100 mm×100 mm 纸张 30 张，10 张为 1 组。

（3）天平（见图 1.11）。

试样质量为 5 g 以下的，用分度值 0.001 g 天平。

试样质量为 5 g 以上的，用分度值 0.01 g 天平。

试样质量为 50 g 以下的，用分度值 0.1 g 天平。

所用天平应按规定进行校准，并且在称量时，应防止气流影响天平。

图 1.11　电子天平

（三）课堂组织

分组，5 人 1 组，实行组长负责制；每人领取 1 份实训报告，测定结束时，教师根据学生测定的方法及结果进行点评；现场按评分标准在报告单上评分。

（四）测定步骤

1. 定量的测定

（1）将 5 张样品沿纸幅纵向叠成 5 层，然后沿横向均匀切取 0.01 m² 的试样两叠，共 10

片试样，用相应分度值的天平称量。如切样设备不能满足精度要求，则应测量每一试样的尺寸，并计算测量面积。

（2）宽度在 100 mm 以下的盘纸，应按卷盘全宽切取 5 条长 300 mm 的纸条，一并称量。

（3）测量所称量的纸条长边及短边，分别准确至 0.5 mm 和 0.1 mm，然后计算面积。应采用精度为 0.02 mm 的游标卡尺进行测量。

2. 横幅定量差的测定

随机抽取一整张纸页，沿纸幅横向均匀切取 0.01 m^2 的试样至少 5 片，用相应值的天平分别称量。

（五）结果表示

（1）按式（1.2）计算试样的定量 G，以 g/m^2 表示。

$$G = M \times 10 \tag{1.2}$$

式中　M——10 片 0.01 m^2 试样的总质量，g。

（2）横幅定量差 S 按式（1.3）或式（1.4）计算，以%或 g/m^2 表示。

$$S_1 = (G_{max} - G_{min})/G \times 100\% \tag{1.3}$$

或

$$S_2 = (G_{max} - G_{min}) \tag{1.4}$$

式中　S_1——横幅定量差；

　　　S_2——绝对横幅定量差，g/m^2；

　　　G_{max}——试样定量的最大值，g/m^2；

　　　G_{min}——试样定量的最小值，g/m^2；

　　　G——试样定量的平均值，g/m^2。

二、纸张厚度的检测

（一）任务解读

厚度是指纸张在两测量面间承受一定压力，从而测量出的纸或纸板两表面间的距离。其结果以 mm 或 μm 表示。

在规定的静态负荷下，用符合精度要求的厚度仪，根据试验要求测量出单张纸页或一叠纸页的厚度，以单层厚度 mm 表示结果。

（二）设备、材料及工具准备

仪器：厚度仪。

厚度仪装有两个互相平行的圆形测量面，将纸或纸板放入测量面间进行测量。测量过程中测量面间的压力应为(100 ± 10) kPa，采用恒定荷重的方法，以确保两测量面间的压力均匀，偏差应在规定范围内。

特殊纸或纸板按产品的标准规定，可采用不同压力进行测定。

两个测量面组成厚度仪的主体，即一个测量面被固定，另一个测量面能沿其垂直方向移动。其中一个测量面的直径为(16.0 ± 0.5) mm，另一个测量面的直径不应小于此值，这样在测量厚度时受压测量面积通常为 200 mm²。

当厚度计的读数为零时，较小的测量面的整个平面应与较大测量面完全接触。图 1.12 所示为 ZUS-4 型纸张厚度测定仪。

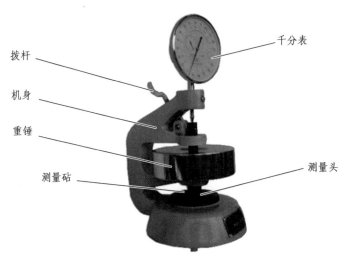

图 1.12　ZUS-4 型纸张厚度测定仪

（三）课堂组织

分组，5 人 1 组，实行组长负责制；每人领取 1 份实训报告，测定结束时，教师根据学生测定的方法及结果进行点评；现场按评分标准在报告单上评分。

（四）测定步骤

首先调节好仪器"0"点，将试样放入张开的测量面间。测试时慢慢地以低于 3 mm/s 的速度将另一测量面轻轻移到试样上，注意应避免产生任何冲击作用。待指示值稳定后，在纸被"压陷"下去前读数，通常在 2 ~ 5 s 内完成读数，避免人为地对厚度计施加任何压力。

（五）结果的表示

计算每片试样的厚度平均值，得到单层厚度。厚度均以 mm 或 μm 表示，修约至 3 位有效数值（对于过薄的纸，可按产品标准取有效数字）。

三、纸张紧度的测定

（一）任务解读

纸张紧度是指纸张单位体积的质量，单位为 g/cm^3。即应用式（1.5）进行紧度的计算。

$$D = \frac{G}{H} \tag{1.5}$$

式中　G——试样的定量，g/m^2；

　　　H——试样厚度，μm。

（二）结果表示

报告结果准确至两位小数。

任务 4　纸张力学性能的测定

一、纸张撕裂度的检测

（一）任务解读

纸张的撕裂度是表示将预先切口的纸（或纸板），撕至一定长度所需力的平均值。若起始切口是纵向的，则所测结果是纵向撕裂度；若起始切口是横向的，则所测结果是横向撕裂度。结果以毫牛（mN）表示。

具有规定预切口的一叠试样（通常 4 层），用一垂直于试样面的移动平面摆施加撕力，使纸撕开一个固定距离。用摆的势能损失来测量在撕裂试样过程中所做的功。

平均撕裂力由摆上的刻度来指示或由数字来显示，纸张撕裂度由平均撕裂力和试样层数来确定。

每个方向应至少做 5 次有效试验。

（二）设备、材料及工具准备

（1）爱利门道夫（Elmendorf）撕裂度仪，如图 1.13 所示。

（2）纸样：试样的大小应为 (63 ± 0.5) mm × (50 ± 2) mm，并按样品的纵横向分别切取试样。

（3）仪器的调整和维护。

（4）仪器标尺的校准。

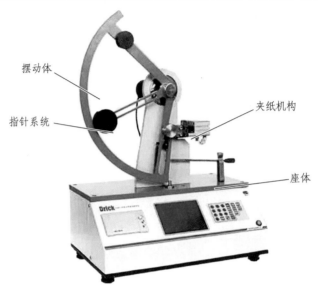

摆动体

指针系统

夹纸机构

座体

图 1.13　爱利门道夫撕裂度仪

（三）课堂组织

分组，5 人 1 组，实行组长负责制；每人领取 1 份实训报告，测定结束时，教师根据学生测定的操作及测定结果进行点评；现场按评分标准在报告单上评分。

（四）检测步骤

根据试样选择合适的摆或重锤，应使测定读数在满刻度值的 20%～80%。将摆升至初始位置并用摆的释放机构固定，将试样一半正面对着刀，另一半反面对着刀。试样的侧面边缘应整齐，底边应完全与夹子底部相接触，并对正夹紧。用切刀将试样切一整齐的刀口，然后将刀返回静止位置，使指针与指针停止器相接触，迅速压下摆的释放装置，当摆向回摆时，用手轻轻地抓住它且不妨碍指针位置。读取指针读数或数字显示值时，应使指针与操作者的眼睛水平。松开夹子去掉已撕的试样，使摆和指针回至初始位置，准备下一次测定。

当试验中有 1～2 个试样的撕裂线末端与刀口延长线的左右偏斜超过 10 mm，应舍弃不记。重复试验，直至得到 5 个满意的结果为止。如果有两个以上的试样偏斜超过 10 mm，其结果可以保留，但应在报告中注明偏斜情况。若撕裂过程中试样产生剥离现象，而不是在正常方位上撕裂，应按上述撕裂偏斜情况处理。

测定层数应为 4 层，如果得不到满意的结果，可适当增加或减少层数，但应在报告中加以说明。

（五）结果计算

撕裂度应按式（1.6）计算。

$$F = (S \times P)/n \qquad (1.6)$$

式中　F——撕裂度，mN；

　　　S——试验方向上的平均刻度读数，mN；

　　　P——换算因子，即刻度的设计层数，一般为 16；

　　　n——同时撕裂的试样层数。

　　撕裂指数应按式（1.7）计算。

$$X = F / G \qquad (1.7)$$

式中　X——撕裂指数，mN·m²/g；

　　　F——撕裂度，mN；

　　　G——定量，g/m²。

二、纸张抗张强度及裂断长的测定

（一）任务解读

　　抗张强度是指在标准试验方法规定的条件下，单位宽度的纸或纸板断裂前所能承受的最大张力。裂断长是指将一定宽度的纸或纸板的一端悬挂起来，计算由其因自重而断裂的最大长度。以 m 表示。

（二）设备、材料及工具准备

（1）仪器：抗张强度仪，如图 1.14 所示。

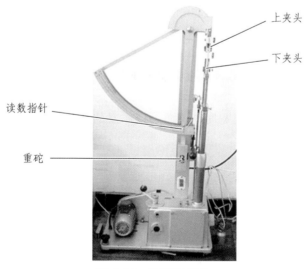

图 1.14　抗张强度仪

（2）纸样：(15 ± 0.1) mm × 250 mm 纵、横向各 5 张以上。

（三）课堂组织

分组，5 人 1 组，实行组长负责制；每人领取 1 份实训报告，测定结束时，教师根据学生测定的操作及测定结果进行点评；现场按评分标准在报告单上评分。

（四）测定步骤

（1）仪器的校准和调节。

（2）测定：试验前将仪器调节至水平，指针指示在零位。

① 切取宽 15 mm、长约 250 mm 的试样，平行地夹紧于抗张强度测定器的两夹子上。上下、两夹子的端面间距为 180 mm。

② 测定纸的抗张强度时，将试样夹紧在上夹后，预先给予轻微的张力把纸拉直，然后夹紧下夹。根据特定的质量标准要求，厚纸板的抗张强度可以采用宽度为 50 mm，夹子间距为 100 mm 进行试验。

注意：先将上夹固定，将纸条（薄纸可同时夹入 10 条，逐条测定，纸板应逐条夹入）平行地置于上、下夹中，先将两夹略为夹紧，确定平行后，再将上夹拧紧，松开上夹固定螺丝，再松开下夹。然后用手拉直纸条下端，拧紧下夹。纸条在夹子内部或夹子附近断裂或裂断线严重倾斜，则表示纸条夹持不正。

③ 一般用手轻轻拉直纸条下端即可，松开摆的销锁，摆略为偏离零点。

调节下夹下降速度，使试样开始加负荷至破裂的时间为 (20 ± 5) s，读取抗张强度至少三位有效数字，伸长率准确至 0.2%。若试样在夹子内部或夹子附近断裂，检验结果作废。

注意：不知道试样抗张强度的大致范围时，应取 2 ~ 3 条试样做试探试验，以调节下夹下降速度。为此，测得试样断裂时下夹下降的距离（mm），然后乘以 3 得出调速盘上数据。

（五）结果的计算

（1）抗张力（kg、g、N）：即以纸板标准所规定的试样宽度，在抗张强度测定器上直接测定的数值。

（2）裂断长 L（m）：指一定宽度的纸条，因本身的重量而将纸裂断时的计算长度。按照式（1.8）计算：

$$L = \frac{G_p}{BG} \qquad\qquad (1.8)$$

式中　G_p——试样的抗张力，g；

　　　B——试样的宽度，m；

　　　G——纸或纸板的定量，g/m²。

计算结果修约至 10 m。

如果纸或纸板的定量波动较大，且精度要求较高时，应采用测定抗张强度的纸样本身质量，裂断长 L 可以按式（1.9）计算：

$$L = \frac{lG_\mathrm{p}}{g} \tag{1.9}$$

式中　l——试验纸条的长度，m；

　　　G_p——试样的抗张力，g；

　　　g——每一纸条的平均质量，g。

三、纸张耐折度的测定

（一）任务解读

纸张的耐折度是指在标准张力条件下进行试验，试样断裂时双折叠次数的对数。一般常见的耐折度较大的纸张有地图纸、有价证券用纸等，如图 1.15 所示。

图 1.15　耐折度大的纸张

（二）设备、材料及工具准备

（1）耐折度试验仪，如图 1.16 所示。

（2）纸样：(15.0 ± 0.1) mm × 100 mm 纵横向纸张各 5 张以上。

制动螺钉

张力杆

上夹头

下夹头

测试键

图 1.16　耐折度试验仪

（三）课堂组织

分组，5 人 1 组，实行组长负责制；每人领取 1 份实训报告，测定结束时，教师根据学生测定的操作及测定结果进行点评；现场按评分标准在报告单上评分。

（四）测定步骤

通常要求测定应在与试样温湿处理相同的标准大气条件下进行。在整个试验过程中，应监控折叠头周围的气流温度。仪器连续运行 4 h 后，温度的增加应不超过 1 ℃。如果温度增加超过 1 ℃，应停止试验，待温度降至正常后方可重新开始。在仪器停止瞬间，仪器的运行可以忽略。

如果双折叠次数小于 10 次或大于 10 000 次，可以减少或增加张力，但应在报告中注明所采用的非标准张力的大小。在纸的每个试验方向上，应至少需要 10 个试验结果。纵向试验是指试样的长边方向为纸的纵向，应力作用于纵向，断裂在横向。

如果试样在夹头间滑动，或不在折叠线处断裂，其结果应舍去。计算每次读数，分别计算纵、横向结果的平均值。

（1）调整仪器至水平。转动摆动的折叠头，使缝口垂直。调节所需的弹簧张力并固定张力杆锁，弹簧张力一般为 9.81 N，根据要求也可以采用 4.91 N 或 14.72 N。轻拍张力杆的侧面以消除摩擦，检查并调整好张力指示器。然后锁紧张力杆，夹紧试样于夹口内。夹试样时不应触摸试样的被折叠部分，应使试样的整个表面处于同一平面内，且试样边不应从摆动夹头的固定面漏出。

（2）松开张力杆锁，给试样施加规定的张力。如果移去重砝，可能会观察到指示器产生移动。如果产生移动，应用重砝重新调整张力，然后开始折叠试样，直至试样断裂。仪器将自动停止计数，记录试样断裂时的双折叠次数，然后将计数器回零。

（五）计算结果

纵、横向分别以测定的平均值整数表示。

任务5　纸张光学性能的测定

一、纸张的白度检测

（一）任务解读

纸张的白度是指纸张受光照射后全面反射的能力，也是纸张的光亮程度。白度是所有白色纸及部分加工的淡色原纸必须具备的条件。纸张的白度是根据使用上的要求来规定的，如高级书写纸、铜版纸及其他高能印刷纸都要求有较高的白度，使书写、印刷出来的字迹、彩色图案十分清晰。然而，有些纸张如包装纸、水泥袋纸等，是不要求白度的。所以必须根据纸张的用途和质量标准来检查。

（二）设备、材料及工具准备

（1）DN-B 白度仪，如图 1.17 所示。

（2）纸样：切取尺寸约 150 mm×75 mm 的矩形试样不少于 10 片，其总厚度应达到不透光。

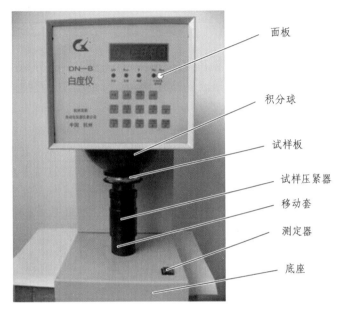

图 1.17　DN-B 白度仪

（三）课堂组织

分组，5 人 1 组，实行组长负责制；每人领取 1 份实训报告，测定结束时，教师根据学生测定的操作及测定结果进行点评；现场按评分标准在报告单上评分。

（四）测定步骤

1. 仪器的校准

（1）按照仪器说明书，打开仪器电源开关，经一定时间稳定后，分别用标准黑筒和三级无荧光标准来校准仪器的零点和刻度值。如采用滤光镜匹配的反射光度计，校准前应在仪器反射光束中插入 R_{457} 滤光镜，然后将三级荧光标准放入测试孔，测定其全模拟 D65 照明下的蓝光漫反射因数。如测定值与标称值不一致，则通过调节紫外调节滤光镜来调节仪器的紫外线含量。再次校准仪器后重复上述测定，反复调节测试，直至测定值与标称值相一致。

（2）在入射光束中插入紫外截止滤光镜，再次用标准黑筒和三级无荧光标准校准仪器的零点和刻度值。将三级荧光标准放于测试孔，测定消除紫外线条件下试样的蓝光漫反射因数。

（3）用三级无荧光标准的蓝光漫反射因数标称值 N 和三级荧光标准的蓝光漫反射因数标称值 S，根据式（1.10）计算荧光亮度（白度）定标因子 B。

$$B = (S - N)/(S - S_c) \qquad (1.10)$$

式中　　B——荧光亮度（白度）定标因子；

　　　　S——在全模拟 D65 光源照明下，三级荧光标准的蓝光漫反射因数标称值；

　　　　N——在全模拟 D65 光源照明下，三级无荧光标准的蓝光漫反射因数标称值；

　　　　S_c——在加紫外截止滤光镜消除紫外线后，三级荧光标准的蓝光漫反射因数测定值。

2. 试验步骤

（1）按仪器说明书，打开仪器电源开关，经一段时间稳定后，分别用标准黑筒和工作标准板校准仪器的零点和刻度值。如采用滤光镜匹配的反射光度计，校准前应在仪器反射光束中插入 R_{457} 滤光镜。

（2）从试样叠上取下保护层，将试样放在测试孔上。测试最上面一层试样的蓝光漫反射因数 R_{457}，读数应精确至 0.1%。将最上面一层试样放在纸叠底部，重复测试第二张试样，然后用同样方法依次测定不少于 5 个试样。如需测定反面，则翻过纸叠重复上述操作。

（3）如需测定含荧光增白剂试样的荧光亮度（白度）F，则在入射光束中插入紫外截止滤光镜，用标准黑筒和工作标准校准仪器的零点和刻度值。重复（2）的操作，测定消除紫外线条件下试样的蓝光漫反射因数 Re，精确至 0.1% 反射因数。

（五）试验结果的计算

分别求出试样正反面测定值的平均值 R_{457}，即为亮度（白度）测定结果。对于试样的荧光亮度（白度）F，应按式（1.11）计算。

$$F = B(R_{457} - Re) \qquad (1.11)$$

式中　　F——荧光亮度（白度）；

　　　　R_{457}——在全模拟 D65 光源照明下，试样的蓝光漫反射因数；

　　　　Re——在加紫外截止滤光镜消除紫外线后，试样的蓝光漫反射因数。

【知识拓展】

一、纸张的取样标准

纸张的性质是在纸张的生产过程中就决定了的，印刷厂无法改变纸张的性能，但是印刷前必须了解纸张的性能，才能在实际生产中正确选择和合理使用各种纸张；才能在印刷中制定和掌握工艺规范，提高印刷质量，减少材料的消耗，降低生产成本，从而提高经济效益。

对于纸张性能的检测，目前我国实行的标准规定，从整批产品中采取试样时，应先从其中抽出若干包装单位（规定平板和卷筒包装抽取 3%～5% 的包装单位，卷盘包装抽取 0.2% 的包装单位），然后再从抽出的包装单位中采取试样，进行检测。要检测的试样应能代表整批产品所具有的性能；试样要保持平整，不折不皱，没有破损或其他纸病；要避免阳光照射，防止潮湿或局部温、湿度变化；供测水分的试样应立即置于干燥、严密的容器内。以上为成批产品交付使用时的抽样方法。在生产中，可根据各厂的具体情况，按时或按纸辊取样进行检测，以及时掌握生产情况，控制生产，保证产品质量。平板纸的取样如表 1.1 所示。

表 1.1　平板纸取样国家标准规定

批中产品数	最少抽取产品数
1 000	10
1 001～5 000	15
>5 000	20

1. 卷筒纸的取样

卷筒纸去掉外部受损纸层，然后再去掉 1～3 层，取样检测。盘纸同样去掉外层，按全宽选取 5～10 m 的纸条作测试纸样。

2. 试样处理

构成纸和纸板的纤维材料具有亲水性，因此，周围环境温、湿度的变化，必然要引起纸页水分含量的变化，而水分含量的变化使纤维间的结合状况会发生变化，从而使纸张的技术性能受到影响。因此，纸与纸板在进行检测前，必须先在一定的相对湿度和温度下进行处理，使水分达到平衡后再进行检测，这样才能得到准确、可比的结果。

试样在进行空调处理时，其原始湿度状况对纸张的性能指标有一定影响。因为试样在某一湿度状态向标准湿度状态平衡时，由高湿状态过渡到标准湿度状态时要高。这种"滞后现象"所引起的水分含量的变化必然对纸页的技术性能产生一定影响。为了消除滞后现象对纸张性能的影响，一般要求处理纸样从较低的湿度状态向标准湿度状态过渡。为此，可将纸页在低于标准湿度下预处理（在放有硅胶的干燥器中或在低于 60 ℃ 的温度条件下处理纸样），使试样水分降至标准湿度下水分含量的一半左右，然后再将试样在标准温、湿度状态下进行处理。

3. 试样处理的温、湿度

采用温度 (23 ± 1) ℃、相对湿度 (50 ± 2)% 的处理条件。即经过一段时间处理，试样的质量前后两次称量变化不超过 0.1%。一般不施胶或轻施胶的纸和制版处理时间控制在 2～4 h，重施胶的纸和纸板控制在 4～24 h，即能达到平衡。

纸张的品种、规格繁多，了解和掌握纸张的性质，熟悉其规格，对于正确合理使用各种性质的纸张具有重要的实际意义。在实际中必须正确计算印刷的用纸量及印刷的最佳排版方式。

二、常用纸和纸板的分类、规格

1. 纸张的分类

（1）按定量分。定量在 250 g/m² 以下的称为纸；定量在 250 g/m² 以上的称为纸板。

（2）按厚度分。厚度在 0.1 mm 以下的称为纸，厚度在 0.1 mm 以上的称为纸板。

（3）按纤维原料分。通常分为植物纤维和非植物纤维两类。

按制造方法分：有手工纸和机械纸两类。

按加工类型分：有涂料纸和非涂料纸两大类。

（4）按用途分。

① 一般分为文化印刷用纸：新闻纸、胶版纸、书写纸、铜版纸、字典纸、邮票纸、证券纸。

② 工农业技术用纸：描图纸、离型纸、碳素纸、压板纸、绝缘纸板、纪律纸、绘图纸、滤纸、照相原纸、感热纸、测温纸、坐标纸、无碳复写纸、电容器纸、墙纸、浸渍纸、地图海图纸、复印纸、水松纸、

③ 包装用纸：牛皮纸、牛皮卡纸、瓦楞原纸、水泥袋纸、纸袋纸、白板纸（白底、灰底）、防油纸、玻璃纸、复合纸（铝箔纸等）、白卡纸、羊皮纸、半透明纸。

④ 生活用纸：卷烟纸、卫生纸、卫生巾、面巾纸、皱纹纸。

上述分类当然不能全面反应纸张的性质。

2. 纸张的规格

纸张的规格，除少数纸张有特殊的要求外，一般对形式、尺寸、重量等均作了统一的规定。

（1）形式。印刷用纸（除少数外）分为平板纸和卷筒纸两种，如图 1.18、图 1.19 所示。

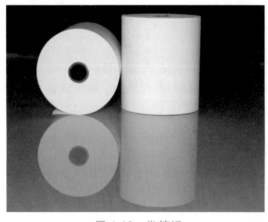

图 1.18　卷筒纸

图 1.19　平板纸

卷筒纸用于高速轮转印刷机上，主要用于报纸、书刊、标签、表格等的印刷。平板纸用于单张纸印刷机，主要用于商品广告、书刊封面、宣传画和包装等的印刷。

（2）尺寸。平板纸的种类很多，其常用尺寸为 850 mm×1 168 mm（大开本）、787 mm×1 092 mm（小开本）、880 mm×1 230 mm、880 mm×1 092 mm、787 mm×960 mm、690 mm×960 mm 等 6 种。幅面尺寸（宽度×长度）误差不超过 ±1 mm。对于印刷封面及较精致的画册，幅面尺寸（宽度×长度）误差应不超过 ±0.5 mm。

卷筒纸宽度分 1 575 mm、1 092 mm、880 mm、787 mm 4 种，其宽度误差不超过 ±1 mm。特定情况下也可定制。

（3）纸张常用开法。有两分法和三分法两种，如图 1.20 所示。

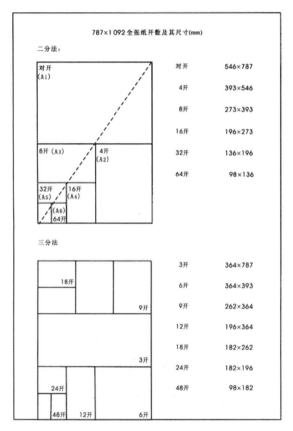

图 1.20 　纸张常用开法图示

三、用纸量的计算

1. 纸张的重量

纸张的重量以定量和令重表示。

（1）定量：表示每一平方米纸张的质量，标准规定用克/平方米（g/m^2）表示。

（2）令重：表示每令纸张的总质量（500 张全开纸为一令）。根据纸张的面积和定量来计算，单位千克（kg）。计算公式如下：

$$令重 = 一张全张纸的面积（m^2）×500×定量（g/m^2）/1\ 000$$

2. 书刊印刷用纸的计算

（1）书心用纸量的计算。要计算书刊印刷所需的用纸量，首先要计算印刷一册书的正文所需的印张数。印张是出版业计量出版物用纸的计量单位，一张全开纸印刷两面（正面和背面）为 2 个印张。

$$纸张 = \frac{总页码}{开数}$$

书刊正文印刷用纸量，可按下列几种方法计算：

① 按开数计算：用纸令数 = 页数 × 印数 ÷ 开数 ÷ 500

② 按印张计算：用纸令数 = 印张 × 印数 ÷ 1 000

（2）加放数。为了弥补印刷过程中由于碎纸、套印不准、墨色深淡及污损等原因所造成的纸张损耗，除了要按书刊的印张数和印制册数计算出所需纸张的理论数量外，还必须考虑用以补偿纸张损耗的余量。这项余量就称为"加放数""伸放数"，因一般以理论用纸量的百分率表示，所以也称为"加放率"。

计算实际用纸量时，可将理论用纸量乘以"1 + 加放数"的系数。如加放数为 3%，则该系数就是（1 + 3%）= 1.03。

例：计算 50 令纸的实际用纸量，加放率为 3.5%：

解：50 令 + 50 令 × 3.5% = 50 令 × (1 + 3.5%) = 50 令 × 1.035 = 51.75 令

（3）封面等的用纸量计算。一般有两种情况：

① 没有勒口的平装图书（见图 1.21），若书脊宽度在 7 mm 以下，并且印制封面用的纸张与正文用纸虽品种不同但规格相同，封面纸的开数便为图书开数的 1/2（即 2 倍大，如 32 开的图书需用 16 开的封面纸）。

图 1.21　没有勒口的书籍

② 如果书脊超过 7 mm 或有勒口（见图 1.22），或者封面用纸与正文纸的规格人小不同，都须先计算确定封面纸的大小，然后按照封面纸的规格大小计算每张全张纸可开成多少个封面，以此来确定封面纸的开数。

图 1.22　有勒口的书籍

例：787 mm × 1 092 mm 1/32 开本的图书（幅面净尺寸为宽 130 mm × 184 mm），若书脊宽 10 mm，勒口宽 40 mm。

解：封面纸的净尺寸应为（130 × 2 + 10 + 40 × 2 = ）350 mm × 184 mm，如也用相同规格的纸张开切，能够开切出 12 张封面。

纸的长边除以封面的长边：1 092 ÷ 350 ≈ 3（张）

纸的短边除以封面的短边：787 ÷ 184 ≈ 4（张）

其开数便是 3 × 4 = 12 开。

开切封面时，不一定是"长除长""短除短"，也可以是"长除短""短除长"，或者用其他开切法。

【练习与测试】

一、简述题

1. 什么是纸张的各向异性及两面异性？
2. 简述测定纸张抗张强度的原理及方法。
3. 简述测定纸张耐折度的原理及方法。
4. 简述测定纸张白度的原理及方法。

二、计算题

1. 要印刷 16 开本的图书 3 000 册，正文有 368 面，另有前言 2 面，目录 2 面，附录 10 面，后记 1 面（背白），其正文用纸令数为多少？若加放率为 3%，请计算实际用纸量是多少？

2. 图书开本为 32 开，书脊宽 6 mm，采用 787 mm × 1 092 mm 规格的铜版纸印制封面，共需印 100 000 册，加放数为 3%，试计算该书的封面用纸令数是多少？

项目二 纸张适性调节

【背 景】

纸张的主要成分是纤维，纤维素的结构是线性高分子化合物，且带有大量的亲水羟基，所以纸张在胶印中表现出两大形变。第一大形变主要是纤维是线性高分子化合物，其表现的柔弹性在印刷中易产生加压形变。第二大形变主要是纤维上带的亲水羟基，纸张遇到润版液后易产生吸湿形变。这两大形变往往造成胶印的套印不准，所以在印刷前必须对纸张进行印刷适性的处理。

【能力训练】

任务 1 纸张含水量的测定

（一）任务解读

纸张的含水量是指纸张中所含水分的质量与该纸张总质量之比，用百分比表示。一般印刷纸的水分在 4%~8%，因此 1 t 纸中将有 40~80 kg 水。

（二）设备、材料及工具准备

（1）天平。
（2）马弗炉。
（3）干燥器。

（三）课堂组织

分组，5 人 1 组，实行组长负责制；每人领取 1 份实训报告，测定结束时，教师根据学生的操作及测定结果进行点评；现场按评分标准在报告单上评分。

（四）测量步骤

将按规定选取、制备并称重的纸样放入已烘干至恒重的容器中，打开容器的盖子，放入

(105±2) °C 的烘箱中烘干。烘干结束后，应在烘箱内将盛放纸样的容器盖好，然后移入干燥器中，冷却 30 min 后称重。重复上述操作，直到两次称量相差不大于原试样重的 0.1%时，即为恒重，按式（2.1）计算水分：

$$X(\%) = \frac{m_1 - m_2}{m_1} \times 100\% \tag{2.1}$$

式中　X——纸及纸板的水分，%；

　　　m_1——烘干前试样质量，g；

　　　m_2——烘干前试样质量，g。

任务 2　纸张加压变形的印前适性处理

（一）任务解读

纸张具有弹塑性，受到一定的压力后会略微压缩，撤出外力后，又可能恢复到原来状态或保持在受压作用时的压力状态。其实质包括纸张的弹性和纸张的塑性。

所谓弹性是指纸张受压较小时，在撤出外力后，纸张立刻恢复到原来的形状，也叫敏弹性。在撤出外力后，纸张慢慢恢复到原来的形状称滞弹性。

所谓塑性是指当纸张受到压力并增到一定数值后，撤出压力，纸张不能完全恢复原来的形状。

纸张的弹性对压力起着一种缓冲调节作用，弹性好的纸张可以降低对纸张平滑度以及印版图文表面不平整度的要求，印出的图文清晰度有所提高。

纸张的弹塑性易造成印刷的套印不准，为了克服纸张所产生的加压形变，印刷前必须对纸张进行印刷适性处理。其方法主要是进行机械处理，即裁切、抖纸、理纸、敲纸。

（二）课堂组织

分组，5 人 1 组，实行组长负责制；每人领取 1 份实训报告，抖纸、理纸、敲纸结束时，教师根据学生的操作过程及效果进行点评；现场按评分标准在报告单上评分。

（三）操作步骤

1. 抖纸（见图 2.1～图 2.3）

对于单张纸印刷来说，印刷前的抖纸过程不可避免，其目的是消除纸张静电、粘连现象，使印刷时纸张便于分离，减少双张、多张情况。目前的印刷过程一般采用人工抖纸，其操作过程大致如下：印刷工人从纸堆取出定量的纸，然后人工进行抖松操作。抖好后，工人将抖好的纸张进行堆放，到一定量后，搬至印刷机的收纸台上。目前胶印机速度越来越快，操作者的抖纸工作量也越来越大。

图 2.1 手捏纸张向中间弯曲并错开纸张，让空气进入纸张间隙，以松纸，实现"抖纸"

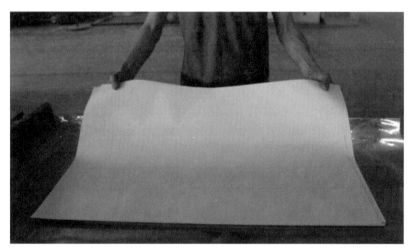

图 2.2 手握纸张上提，让空气进入纸张间隙

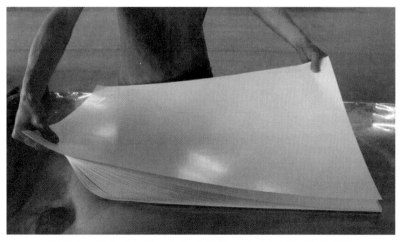

图 2.3 手在对角线方向向上提纸，让空气进入纸张间隙

2. 理　纸

单张纸在印刷前，要将白纸或半成品整齐地堆放在输纸台上。在堆放之前，对白纸或半成品进行适当的处理——理纸就显得非常必要。

1）理纸的作用

（1）理齐纸叠四边。纸叠四边不齐，会严重影响飞达输纸的流畅性，导致停机，降低生产效率；造成前规、侧规定位不准，直接影响印刷的套准，关系到印刷产品的质量。印刷前，将纸叠四边理齐，可以大大降低以上故障的发生概率。

（2）理松纸叠，减弱静电。理松纸叠也称透纸，就是抖松纸叠，降低纸叠内部与外部的空气压差，以减轻分纸吹嘴、送纸吸嘴。还可分送纸张的工作负担，确保输纸顺畅。纸张在高速输送的过程中，与下方纸叠产生的摩擦力会引起静电，导致印刷产品的各种问题。而理松纸叠，可以使纸叠之间产生一定的间隙，从而在输纸的过程中减小纸张之间的摩擦力，进而减弱静电。

（3）分清纸张的正反面。纸张的两面性对印刷品质量影响很大，且纸张两面平滑度和施胶度的差别，造成纸张两面对油墨的接受性和吸收性不同。当纸张两面吸收性差别较大时，印品两面墨迹深浅不一，甚至会发生透印故障。纸张的正面平滑度较高，着墨效果较好，但表面强度较反面低，在印刷中更易发生拉毛现象；相反，纸张的反面较粗糙，着墨效果较正面差，但表面强度高，在印刷中不易发生拉毛现象。所以在实际印刷的过程中，理纸前一定要分清纸张的正反面，根据产品的需要，正确地选择纸张的正反面进行印刷。

（4）检查纸叠中的皱纸、破纸及纸屑。皱纸、破纸在飞达和前规处易造成停机故障，即使进入印刷单元，最终出来的也是不合格产品，浪费生产成本；纸屑及其他杂质，进入到印刷滚筒之间，会黏在橡皮布表面，造成橡皮滚筒和压印滚筒间的压力不均，不但影响产品质量，甚至会挤坏橡皮布，给机器设备带来严重的损伤。所以在理纸的过程中，要仔细检查纸叠内部的各种纸张问题，挑出皱纸、破纸、纸屑等其他杂质，避免以上问题的发生。

2）理纸方法

理纸的方法主要包括底角对辗法、两对角对辗法、自由滑行法。

理纸首先要透松纸叠，松纸时每叠纸厚度掌握在 3 cm 左右。具体操作方法是：两手分别捏住纸叠的两角，大拇指压在纸叠上面，食指和中指按住纸叠下面，同时用适当的力使纸叠往里挤挪，该力与大拇指往外搓的力正好相反，使纸叠上紧下松，这样纸张之间便产生一定的间隙，此时空气进入纸张间隙使纸叠松开。通过双手之间有节奏地松紧两边纸角，达到松开纸张的效果。然后双手将纸叠两边角竖直提起，使纸中间呈弯弧状以利空气进入纸与纸之间，随即将纸叠往上提，离开桌面少许，然后松开双手，让纸叠下落，撞齐纸边。经过若干次的上提、松开、下落，直至将纸叠的叼口边和侧规边理齐后，装入输纸台，并撞齐。

3）理纸的注意事项

（1）理纸时，双手干净，不能弄污纸张。

（2）理纸时，一定要保护好叼口边和侧规边，不能让这两条边受到冲击而卷曲。

（3）上纸要上得平，堆得齐，堆得准。

（4）在已理齐的纸堆上进行松纸、理齐操作时，不应影响到下面已放齐的纸堆。

3. 敲　纸

当纸质柔软、纸边卷曲时，应对纸边进行敲勒，以提高纸的挺度，确保输纸顺畅。敲纸时，要根据纸张的平整度和挺度状况，掌握敲勒的方式。纸质较薄较软时，敲痕的间距要大些；反之，则小些。按照纸的厚薄，每次敲纸的叠厚掌握在 1～3 cm。对纸边往上翘或往下卷的，要往其相反的面敲勒。敲痕的间距要基本相等，呈扇形排列，使侧规纸边和叼口纸边具有一定的挺度和应力。对纸质较硬的铜版纸、白板纸、玻璃卡纸等，不能采用敲勒的方法，否则会破坏纤维组织，影响纸张外观质量。这类纸张若出现卷曲，应采用上揉或下揉的方法，使纸边恢复印刷所需的平直度和平整度。

敲纸的手法如图 2.4 所示。

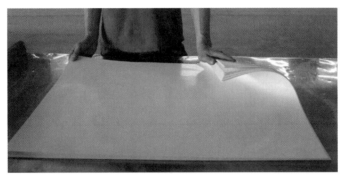

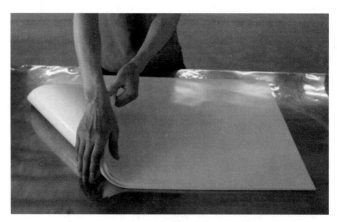

图 2.4　敲纸的手法

4. 走空纸

将纸张输送到只有润版液但没有上墨的印刷机中，放置几天再印刷。此方法适合精度要求高的印刷品。

任务 3　纸张带静电的印前适性处理

（一）任务解读

纸中水分含量的多少对印刷是有很大影响的，水分太低的纸张硬而脆、无弹性、纸张的机械性能下降，而且会在印刷机上产生过多的静电。

印刷纸张一旦带静电，就会给印刷带来很多麻烦。首先是纸张无法撞齐。在静电作用下，纸张与纸张之间牢牢吸住、参差不齐，空气难以进入纸张之间，要想撞齐，有时需一张一张地用手拉开，很浪费时间。在印刷过程中，由于静电吸引，单张纸之间牢牢地粘贴在一起，有时两张，有时几张，有时一沓纸分不开，导致分纸吸嘴吸不起纸张。毛刷压重了，往往产生断张、空张；毛刷压轻了，又产生双张、多张。多张纸进入橡皮滚筒与压印滚筒之间，会造成闷车，压坏橡皮布及衬垫。带静电的纸张，在输纸台向前输送时不流畅，到达前规处歪斜不正、定位不准，导致第二次套印无法套准，产品质量低劣，浪费极大。即使走过了压印部分，收纸也很不齐，给第二次整纸带来很大的麻烦，严重影响生产速度。

纸张带静电与造纸有一定关系。一般情况下，出厂时原纸带电的较少，铜版纸带电的概率也不大。因印刷用纸（白板纸、卡纸等）及铜版纸是在原纸的基础上进行再加工，即使原纸已带电，在加工过程中也会消除。一般定量在 80 g/m² 以下的纸张带静电偏多，但纸张上机印刷前就带有静电或印刷前静电并不明显，往往是经过压印后静电骤增。在胶印过程中由于有水，一般经过印刷后反而带静电者并不多见，对胶印来讲，静电主要产生在印刷之前。其原因主要有摩擦生电。不少物体带电都是由摩擦引起的，造纸时纸张与压光机的摩擦，印刷时纸张与橡皮滚筒、压印滚筒之间的摩擦，都是产生静电的重要因素。

（二）课堂组织

分组，5人1组，实行组长负责制；每人领取1份实训报告，静电处理结束时，教师根据学生的操作过程及效果进行点评；现场按评分标准在报告单上评分。

（三）操作步骤

1. 库存法

纸张进入印刷厂入库后，存放时间应适当长一些，存放地点能与印刷车间连通更好，以温度在18~25℃、相对湿度在60%~70%为最佳。印刷车间的温度、湿度应与纸库一致，有利于改变纸张含水量。纸张含水量的改变就是一个释放静电的过程。

2. 晾纸法（加湿法）

主要是用调整湿度的方法来消除静电。当车间里的相对湿度小于50%时，印刷或制版过程中容易产生很高的静电，增加车间的相对湿度和纸张的含水量，特别是在晾纸时增加室内相对湿度，对消除静电很有效。可用调湿设备增加室内相对湿度，没有调湿设备时可在地面洒上足够的水。调湿设备主要是加湿器，可在车间的天花板或墙壁上安装离心式自动加湿器。当室内相对湿度没有达到要求时，加湿器就能自动喷出雾状水汽，增加室内相对湿度，待室内相对湿度达到要求后，自动停止喷雾。

3. 静电消除器法

用静电消除器产生的离子去中和带电体上的电荷，以达到消除静电的目的。静电消除器有3种类型：一是外施电压式静电消除器。即给针状或细线状电极外施加高电压，发生电晕放电产生离子，一般印刷机上用的晶体管静电消除器就属此类。二是自放电式静电消除器。即把导电纤维、导电橡皮或导电金属材料等做成针状或细线状电极并很好地接地，利用带电体本身的电场产生电晕放电生成离子，中和带电体上的电荷。三是放射性元素除静电器。利用放射性同位素的电离作用即电离空气生成离子，中和带电体上的静电。输纸时开启静电消除器即可进行静电消除。静电消除器如图2-5所示。

图2.5　下方的长细杆为静电消除器

4. 抗静电剂法

抗静电剂又叫静电消除剂或除电剂。其原理是给予纸、薄膜等带电体表面吸湿性离子，使其具有亲水性，吸收空气中的水分，减小电阻，增加导电性，使静电荷不容易积蓄。抗静电剂主要是表面活性剂，有亲水基和疏水基，或叫极性基和非极性基。亲水基对水等极性较大的物质亲和性强，疏水基对油类等极性较小的物质亲和性强。抗静电剂在印刷中应用很广泛，如用抗静电剂制作防止静电的软质胶辊等。

5. 工艺操作法

在印刷过程中可以在收纸部分加上潮湿的毛巾，即将蘸水的毛巾固定在拉杆上，使纸张经过与潮湿的毛巾接触而消除静电。这是可以临时消除静电的有效办法，缺点是要经常打湿毛巾。

【知识拓展】

一、纸张含水量变化引起的故障

如果纸张水分含量过高，同样会造成机械性能下降，吸墨能力下降，影响油墨干燥。纸中水分的变化对纸的各种性质影响较大，随着水分的变化，纸的定量、抗张强度、柔韧性、耐折度等都发生变化，如图 2.6 所示；随着水分的变化，纸的尺寸将发生伸缩，有时还会发生卷曲、翘边、起皱等现象。

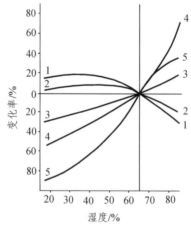

图 2.6　含水量变化对纸张强度的影响

1—抗张强度；2—耐破强度；3—撕裂强度；4—伸长度；5—耐折强度

1. 纸张中的水分

1）纸张纤维自身的水

由于纤维素分子链上有氢氧根（—OH），能产生氢键，故在纤维素中链状的分子内以

II　O　II 形式存在。纤维素所处的二维空间内均有—OH，在形成纸张时，每一条纤维间就建立起网般的联结，这就自然形成纸张，也形成了纸张中自身的水。表现在：当纸烘干时，这些结合在一起的水（H_2O）分子蒸发，而失去 H_2O 的—OH 基团则尽量与邻近纤维的—OH 基团结合。正是由于纤维素的这一特征，在脱水处理时不能把这部分水分除掉，比较牢固地与纤维结合起来。

2）植物纤维素中产生的水

植物纤维素含有大量的羟基（—OH），它是一亲水性基团，可以从外界吸收水，所以纸是一种吸湿材料，对水有较强的极性吸附作用。而且，纸张的含水量还有一个与空气湿含量平衡的问题，这关系到纸张中水分的增减，关系到尺寸和形状的变化等一系列问题。纸能从空气中吸收水分，吸收速率取决于空气的温湿度；也能把水分传到空气中而失去水分。失去速率取决于纸张的水分含量及其温度，当吸水速率和失水速率相同时，纸张和空气处于动态平衡，纸张中的含水量保持不变。此情况下纸张所含的水分称平衡水分。因此，纸张在存放中吸湿还是解湿，主要取决于纸张本身的含水量和存放环境的相对湿度。各种纸张在不同的相对湿度下，都有其相应的平衡水分；同样，在同一相对湿度下，不同的纸由于纸质不同，也有不同的平衡水分。

2. 纸张含水量变化规律

首先，纸张的平衡水分在一定相对湿度下，随着外界温度的增加而减少，近似成直线关系。如图 2.7 所示，表示相对湿度在 45%，温度从 18 ℃ 变为 43 ℃ 时，胶版印刷纸平衡水分含量的变化情况。

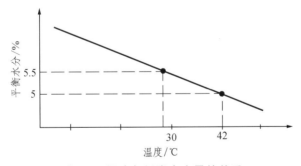

图 2.7　温度与纸张含水量的关系

一般规律是：在相对湿度固定不变时，外界温度每变化 ±5 ℃，纸张中含水量的变化为 ∓0.15%。但在套印过程中，希望纸的含水量变化不要超过 ±0.1%，否则会影响套印的准确性。因此，大型彩印车间在控制相对湿度的同时，必须控制好温度，使温度的变化最好不要超过 ±3 ℃

其次，纸张的平衡水分随着空气相对湿度的增加而增加，两者的变化类似于 S 形。如图 2.8 所示，从图中我们可以看出，高湿度时，相对湿度变化引起含水量的变化率要比中湿度时相对湿度变化引起含水量的变化率大。也就是说，在高湿度条件下，较小的湿度变化就会引起纸张较大的水分变化和变形。在低湿度条件下，也有类似的情况。而在中湿度条件下，相对湿度的变化对纸张含水量的变化率不太敏感。由此得出结论：印刷在中等湿度的条件下进行是比较适宜的，此时纸张含水量的变化率较小。

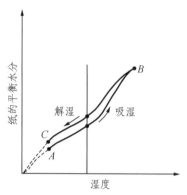

图 2.8　相对湿度与纸张含水量的关系

另外，空气的相对湿度变化时，纸张含水量的平衡曲线随之改变。图中 A 是吸湿过程中相对湿度与含水量的关系曲线，B 为解湿过程中相对湿度与含水量的关系曲线。纸张在吸湿和解湿过程中含水量的变化曲线是不重合的。如果在图中作一条与水分含量坐标平行的等相对湿度直线，则此直线与吸湿曲线和解湿曲线分别有一个交点，与吸湿曲线的交点所指示的水分含量低，与解湿曲线的交点所指示的水分含量高。因此，纸张在一定相对湿度下达到平衡时的含水量与纸张到达的路径有关。

纸张在一定相对湿度下由低水分吸湿而达到平衡时的水分含量比在同样相对湿度下由高水分解湿而达到平衡时的水分含量低，这种现象称为纸张的滞后效应。要想使纸张的含水量和原来一致，必须以"矫枉过正"的方式得以实现。

最后，纸张经过解湿或吸湿达到平衡的时间不同。一般来说，解湿速度比吸湿速度慢得多。纸张的吸湿速度比解湿速度约快 1 倍以上，不过，不管吸湿还是解湿，开始的速度都比较快，越接近平衡就越慢，要想达到完全平衡，需要较长的时间，如图 2.9 所示。另外，吸湿和解湿速度都受纸质的影响，疏松的纸吸湿和解湿都比紧度大的纸要快；且吸湿和解湿速度与环境有关。

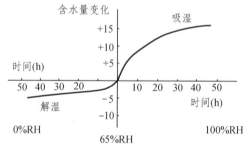

图 2.9　纸张吸湿与解湿的速率

胶印中由于纸张的含水量变化引起的印刷故障主要是套印不准，其次是产生印刷皱褶和发生卷曲。

发生套印不准的原因各种各样，有的与纸张的吸湿变形无关，有的与纸张的吸湿变形有关。与纸张的吸湿变形无关而发生的套印不准，往往是印刷机性能和精度不良或纸张本身尺寸不合格造成的。下面主要讨论与纸张吸湿变形有关的印刷故障。

3. 纸张吸湿变形引起的印刷故障及处理方法

1）印刷故障

（1）印刷皱褶。胶印纸张出现皱褶是经常发生的一种故障，此故障不仅使印刷机不能正常运转，延误工期，同时也严重影响印刷质量，甚至造成废品。主要原因是：印刷纸张是一种极易吸湿的材料，空气中水分多时，纸张就吸湿；空气干燥时，纸张中的水分就向空气中挥发。在吸湿与挥发过程中，纸张随之膨胀或收缩，于是发生变形。纸张吸湿膨胀即产生荷叶边（波浪形卷曲），纸张挥发水分即产生紧边。

① 荷叶边。纸张本身含水量较小，但纸库或印刷车间相对湿度很高，使得纸张四周吸湿伸长，纸张中间部分仍然保持原状。当纸张四边含水量大于中间部分时，则出现荷叶边，即顺纸张纤维纵向的两边隆起呈波浪状。这种纸张当受到滚筒挤压时，如波浪严重则产生皱褶，波浪轻微将会使纸张尾部横向图文伸长。此皱折特征往往是在纸张尾部且在两边居多。

② 紧边。当纸张长期存放在温度较高且相对湿度较低的纸库或印刷车间中，纸张四边的含水量小于中间部分时，则纸张四边缩短翘起。这种紧边的纸张在受到滚筒挤压时向前展开，如果这种展开不能完全被吸收，就会发生皱褶或纸张尾部横向图文缩短。它的特征是皱褶不会波及纸张的边缘，而只发生在中间部位，其皱褶的始端在叼口附近，末端达不到纸张尾部。一些不正常的纸相如图 2.10 所示。

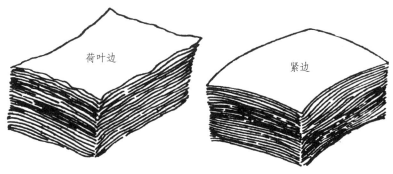

荷叶边　　　紧边

图 2.10　不正常的纸相

（2）版面水分过大。在实际印刷过程中应尽量控制版面水分，如版面用水较大，将会使橡皮滚筒表面水分越积越多，甚至会使橡皮滚筒与压印滚筒层部出现较多水珠。在这种情况下印刷，印品吸水含量也就越多，使纸张表面强度降低而变形，形成四角上翘或下翘，这样的印品再进行第二次印刷时，就会因纸角上翘或下翘使叼纸牙叼不住纸而产生皱褶现象。水大引起皱褶是在印品层部，而叼不住纸引起皱折是在叼不住处呈歪斜状，并且皱折较大。其次是因纸张上翘或下翘，使侧拉规拉纸定位受阻而产生拱起的凸包，在这种情况下印刷，就会产生皱折或套合不准现象。

2）处理方法

这里主要介绍因纸张紧边与荷叶边而产生的皱褶应在印刷前进行处理的方法。

（1）进行调湿处理，视具体情况进行热干燥或加湿处理，这样荷叶边会挥发水分，紧边会缓缓吸湿，使纸张含水量趋于平衡，荷叶边或紧边也渐渐消失，然后再将温湿度调整到印刷车间的温湿度。

（2）用红外线辐射来消除荷叶边。

（3）纸张吸湿、释放水分是非常迅速的，一般在 20 min 之内就会完成吸湿、释放过程，因此调湿好的纸张应及时裁切及时印刷。

（4）采用人工打活折增加纸张强度的方法解决。

（5）皱褶不严重时，把橡皮布衬垫纸的层部用剪刀剪些小口也可收效（但不能剪掉太多，不然会影响印迹）。

（6）处理好的纸张及半成品，应用防潮布盖好并压上木板，以避免纸边因受空气相对湿度变化的影响而发生变化。

（7）印刷车间温度应尽量控制在 18～24 ℃，相对湿度应保持在 60%～65%，纸张的含水量应为 5.5%～6%，杜绝印刷车间门窗大开。

综上所述，造成纸张皱褶的因素较多，机组人员在印刷过程中发现皱褶，应根据皱折的特征，分清是属于什么原因引起的，然后及时、准确地进行排除，并且把皱褶的原因、解决的方法及结果进行记录、分析、总结，不断从中找出规律，用来指导生产。这样，才能及时有效地消除皱褶，保证印品质量，降低纸张消耗，缩短印刷周期，提高经济效益。

4. 纸张的伸缩性

纸张纤维吸水后体积膨胀，使纤维的直径和长度增加，纤维之间的距离加大，从而导致纸张外形尺寸的扩大；反之，纤维失水缩小，纤维之间相互拉紧，纸张的尺寸收缩。这种变化通常称为纸张的吸湿变形。它对印刷影响很大，许多印刷故障，如套色不准、卷曲、皱折等都与纸张的伸缩性、形稳性有直接的关系。

纸张伸缩的原因从本质上讲是纸张含水量的大小及变化。另外，还与多种因素有关，如与纤维原料的种类和打浆的程度、与加填施胶的比例和纸张的紧度、与纤维丝缕排列方向、与外界环境的温湿度等有关。

由于在整个胶印过程中存在着润版液，所以在转印过程中，橡皮布上的水分将被纸张吸收，从而引起纤维润湿膨胀并使纸张尺寸发生伸长现象。印刷时看到纸面含水量愈大，纸张产生变形愈大，由此造成的套印不准也就愈严重，因此，润版液的用量必须控制在最小量，以空白部分不起脏为好，且横向的吸湿变形较纵向变形大。

1）纸张伸缩规律

首先，纸张的伸缩率在纵横两个方向上是不同的，横向伸缩率大于纵向伸缩率。据研究表明，单根纤维的伸缩在横向的伸缩相当于在纵向伸缩的 20 倍左右，如图 2.11 所示。

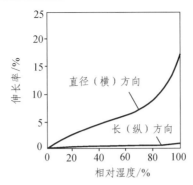

图 2.11 单根纤维吸湿引起的伸长

因此，纤维在纸内的排列对纸的伸缩有重要影响。由于在制造过程中大多数纤维沿纵向排列，因此纸张纵向伸缩小、横向伸缩大。

其次，纸张的纵、横向伸缩率随外界环境相对湿度的变化而变化。如图 2.12 所示，相对湿度引起纸张含水量变化，在吸湿和解湿的过程中形成不同的两条曲线。所以，含水量变化引起的纸张伸缩变形，与环境相对湿度存在滞后现象。

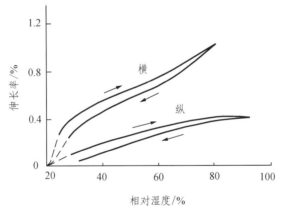

图 2.12 纸张纵、横向的伸缩

2）纸张伸缩对印刷的影响

无论是哪一种形式的印刷，都以纸张的伸缩性小为好。但由于不同印迹的准确程度要求不一样，所以对纸张的伸缩率要求也不同。书刊、报纸一类的印刷，套印准确度允许的误差范围略大，印刷用纸伸缩率的变化一般不会超出质量标准范围，所以这一类印刷对纸张的伸缩率基本上不提出要求。彩色印刷中使用的纸张，为保证套印的准确，则有较为严格的要求。

同样，伸缩性亦关系到纸张的变形。纸张产生紧边、荷叶边、卷曲不平整等不正常纸相，实际上是由于纸张的含水量不均匀而导致纸张在一定范围内的伸缩率不相等所形成的。所以，纸张的伸缩率不均匀是造成纸张外形变化的根本原因。

（1）纸张的伸缩性影响彩色印刷中套印的准确程度。

对于地图纸和胶版纸来说，伸缩率是其最重要的指标之一。印刷一幅地图或彩色图画要经过多次套印，每套印一次，纸都受到一次润湿伸长，若伸缩率较大，会引起套印严重不准，使地图、画面失真。另外，还应指出，纸张在经过第二次润湿和干燥后，所产生的伸缩率比第一次润湿和干燥产生的伸缩率要小。如果重复润湿，形成重复干燥，则每次循环所产生的伸缩率将逐步减小。

（2）纸张纤维的方向及其伸缩性与印刷有着密切的关系。

印刷中，根据纸张纤维的排列方向与印刷方向的关系，将纸张分为横向纸和纵向纸。

无论是何种印刷方式，都以选用纵向纸印刷为宜。特别是印刷过程中使用润湿液的胶印，更应选择纵向纸印刷。这是因为：第一，假若相对湿度从 50% 变化到 65%，纸张在横向上伸长率为 0.15%，纵向伸长率为 0.05%。对于 787 mm × 1 092 mm 的纵向纸来说，短边伸长 1.1 mm，长边伸长 0.5 mm，二者相差约 1 倍；但如果使用横向纸，其短边伸长 0.4 mm，长边伸长 1.6 mm，则二者相差约 4 倍。第二，使用单张纸印刷时，纵向纸的短边稍有伸长，但其伸长方向是在滚筒圆周方向上的，当这种伸长量不大时，可以通过调整底部衬垫来适当地改变滚筒、印版或橡皮布的表面直径，以进行弥补。但对于横向纸在滚筒轴向上的伸长，则很难补救。

二、纸张印前的调湿处理

印前必须使纸张在印刷时的吸湿变形降低到最低程度，以便因温湿度变化而发生卷曲、紧边和波浪边的纸张在印刷时变得平整，最终才可以减小纸张不可避免地伸缩变形和避免套印不准。

1. 纸张的调湿

在印刷之前要对纸张进行调湿处理。所谓纸张的调湿，就是在印刷前将纸张吊晾在晾纸间或调湿室，经过一段时间，使纸张达到或接近其温、湿度条件下的平衡水分量。

调湿的目的是使纸张的含水量与印刷车间的温湿度相适应，以便印刷过程中纸张的含水量基本不再发生变化，保持相对稳定。同时使纸张对环境温湿度变化的敏感程度降低，纠正纸张变形，提高纸张的尺寸稳定性。

2. 纸张的调湿方法

纸张的调湿方法有两种，一种是自然调湿法，另一种是强制调湿法。

（1）自然调湿法。是用吊钩将叠好的纸吊挂起来，经过两天左右使纸的湿度与室内趋于平衡。这种吊挂干燥，实际上是让纸吸湿的情况更多一些。直接在印刷车间进行调湿处理的，基本都属于这种自然调湿。

（2）强制调湿法。是在调湿机内把纸吊起来，用比室内高的温度及湿度，在较短的时间内（几十分钟到几小时）调湿完毕。这种方法可能使纸张在调湿机内还未达到平衡水量，但已达到或超过印刷车间条件下的平衡水量，所以所用时间大大缩短。同时，这种调湿方法可使调湿机内湿度反复变化，从而使纸张随着调湿机内湿度的变化而反复伸缩，既而使纸张的尺寸稳定性逐步得到改善，对湿度和水分的变化不再敏感。这是由于滞后作用造成的现象，在滞后的限度以内，纸张在较低到较高的曲线上重新调整其平衡水分。

　　尽管调湿的方法从大的方面来分仅有上述两种，但具体调湿方法和调湿行程却是各式各样的。为了探讨调湿的最佳方案，本书引用国外专家的研究结果并结合有关理论，对经过不同调湿处理的纸张在多色胶印中含水量的变化分析如图 2.13 所示。

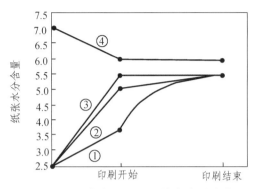

图 2.13　纸张在印刷机上的含水量变化

　　从图 2.13 可以看出，印刷车间的相对湿度为 45%，试验用纸在未经调湿处理以前测得其含水量为 2.5%。如果将未经调湿处理的纸张直接用来进行多色胶印，其含水量的变化如图中①曲线所示。由于车间的相对湿度较高，纸张在车间开始印刷前吸湿，含水量达到 3.5% 左右，但印刷开始后，由于润版液的作用，每印一色，纸张的含水量就增加一次，相应地，每印一色，纸张尺寸都有伸长，这样就增加了套印不准的可能性。

　　曲线②表示的是在温湿度与印刷车间相同的调湿间或直接在印刷车间内进行吊晾处理后的纸张，在多色胶印过程中纸张含水量的变化情况。因纸张含水量与车间湿度平衡，纸张在车间开始印刷前含水量不再变化，但在印刷过程中含水量将有所增加，相应地，纸张尺寸也会有变化，只不过变化率要比曲线①所示的情况低得多。

　　曲线③表示的是在相对湿度比印刷车间相对湿度（45%）高 8% 的晾纸间（即 53%）进行吊晾后的纸张，在印刷过程中纸张含水量的变化情况。尽管纸张含水量比在 45% 相对湿度下的平衡水分高，但因滞后效应的作用，纸张在车间到印刷开始前含水量不变，在多次印刷过程中，纸张的含水量也基本不变，从而使纸张尺寸也比较稳定。

　　曲线④表示的是在相对湿度为 65% 的环境下调湿过、其含水量为 7% 的纸张，再置于比印刷车间的相对湿度高 8% 的晾纸间（即 53%）进行吊晾后，在多色胶印过程中纸张含水量的变化情况。因为纸张含水量高，所以在第二次调湿和到达印刷前均有解湿现象，使得纸张的含水量有所下降。但在印刷过程中，含水量的稳定性很好，确保了纸张在印刷中不发生伸缩。

　　从对以上 4 条曲线的分析可以看出，③、④两种情况在印刷过程中含水量基本不变，因而能使纸张尺寸稳定。这是因为纸张在高出印刷车间的相对湿度下晾纸，使其含水量较高。这种相对于车间湿度含水量较高的纸张，在印刷时将向车间散失一部分水分，又在胶印过程中吸收一部分润版液。由于两者量都不大，得失相抵，使得纸张含水量的变化基本处于滞后效应的范围以内，所以印刷中纸的水分基本不变，尺寸比较稳定，不发生套印不准的故障。

　　可见，按习惯采用曲线②所示的调湿方法是不够理想的。因此，如何进行调湿处理，使纸张在印刷过程中含水量的变化和尺寸稳定性达到最佳，从而探索出各种不同含水量的纸张在不同相对湿度车间使用的最佳调湿方案，这是一个关键问题。

【练习与测试】

简述题

1. 纸张含水量的大小对印刷有什么影响?

2. 纸张静电对印刷有什么害处? 怎样消除?

3. 工人师傅为什么喜欢用直丝绺纸印刷, 而不喜欢用横丝绺纸印刷?

4. 在实际印刷过程中, 纸张对油墨的吸收分为哪几个阶段? 各阶段的吸收程度对印品的质量有何影响?

5. 纸张的透明度与不透明度在概念上有何不同?

6. 简述纸张的透背与透印的现象、原因及解决的办法。

7. 在印刷中纸张易产生哪两大形变? 什么原因造成的? 如何克服?

8. 印刷开始前, 为什么要对纸张进行调湿处理? 通常采用哪些方法?

9. 印刷前为什么要对纸张进行印刷适性的处理?

项目三 油墨性能检测

任务1 人工调配专色油墨

【背 景】

调配油墨是彩印工艺中的一项重要工作，这项工作做得如何，直接关系到产品的印刷质量。因为色彩鲜艳、光亮度好、色相准确是彩印产品的基本要求，要实现这个要求首先必须准确调配好印刷油墨。所以，操作者要掌握好色彩知识和调墨工艺。专色印刷中调墨是重要的一项工作，调墨质量的好坏直接影响到印刷产品的质量。下面结合企业专色调墨经验及案例，分析胶印过程中专色油墨传统的调墨工艺、技巧及要点。

【能力训练】

（一）任务解读

大多数印刷企业采用传统的师傅经验调墨配色方法，主要依赖调墨师傅长年累积下来的技巧与经验，采用人工方式完成油墨的批量调配工作，是一种最简单及直接的配色方法。但容易受人为因素影响，如配墨分量难以控制、对色过程油墨厚度难以控制、水准不稳定等不足造成调墨的精度不够、油墨浪费。对此，本任务结合印刷企业调墨实践经验，重点分析了胶印生产中传统经验调墨配色工艺及操作要点，有助于企业调墨人员减少调墨浪费，降低成本，提高配色效率和精度。

（二）设备、材料及工具准备

（1）设备：展色仪。
（2）材料：色样、潘通（Pantone）专色墨、干燥剂、冲淡剂、调墨油、稀释剂、减粘剂。
（3）工具：调墨刀、电子天平、打墨纸、色度仪、标准光源。

（三）课堂组织

分组，5人1组，实行组长负责制；每人领取1份实训报告及需要调配的专色的色卡，调配结束时，教师根据学生调制过程及所调制色墨与标准色卡墨色效果比较进行点评；现场按评分标准在报告单上评分。

（四）调墨步骤

结合在印刷企业某款纸袋产品专色调墨实践研究，重点分析一般纸盒胶印生产中专色调墨的配色工艺，其工艺流程如图 3.1 所示。

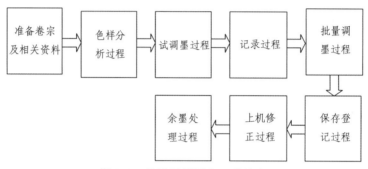

图 3.1　传统调墨配色工艺流程

1. 准备卷宗及相关资料

根据排产单任务要求，到版房找到客户的卷宗（包含客户产品规格、色样、分色稿、工单等资料的档案袋），检查卷宗里所有的材料是否齐全。判断产品色样是专色还是普通四色样，要清楚专色色样是由公司自己调配或是由油墨供应商提供的专色墨。

清楚上机时间，保证色样准确。要注意产品的承印材料所要求的油墨及表面处理是否一致，要分开调配。要考虑一些特殊油墨，如调配后放一段时间容易出现变色的油墨（色墨中含银墨，银墨放置一段时间后容易上浮结皮跑掉，引起油墨变色），调配好后要直接上机印刷。

2. 色样分析

在标准光源下，分析专色色样，估计基本组成颜色及比例，考虑承印材料对该专色呈色效果的影响。色样分析的方法：① 凭经验判别。凭借调墨经验，通过视觉观察来估计。② 借助潘通配色指南，对比色样，获取调墨配比。

选定调配用的油墨类型，注意不同厂家油墨颜色效果有区别。此外，还要考虑必要的助剂，用以改善油墨适性，如干燥剂、冲淡剂、调墨油、稀释剂、减粘剂等，要控制好添加量。

注意：

（1）采用的油墨种类越少越好，可降低成本，也避免容易出现所谓的"同色异谱现象"；不同厂家、型号的油墨不要混用，否则颜色效果很差，色泽度低。

（2）调墨前，要熟悉基本的四色墨的色彩表现能力及偏色情况；熟悉其他诸如桃红、大红、金红、深黄、淡黄、绿墨、射光蓝等各种色墨，清楚这些颜色在色环图上的关系（见图 3.2）。

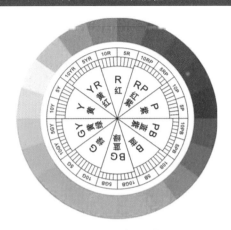

图 3.2　色环图

（3）纸张对油墨的呈色效果有影响，要考虑选用的油墨在该产品纸张上刮样后的颜色变化趋向。例如：在印刷金银卡纸或非白色纸张时，白墨使用过量，虽然可以提高白度，但会遮盖纸张的颜色，影响色彩再现效果，且干燥较慢，造成产品背面粘花。

（4）调配淡色时，采用白墨冲淡易造成油墨传递性差、易乳化、光泽度低、易粉化，因此一般推荐选用透明白或将白墨与透明白混合使用；调配深色墨时，如用于印刷次数多的产品或实地的墨色，则选用干燥快的油墨。

（5）选择油墨时，要考虑印后加工工艺。油墨添加助剂干燥油时不可过量，若油墨干燥过快，表面晶化，易导致上光、覆膜不良。添加耐磨剂一般量在 1%～5%，过量会导致油墨表面结构变化，不利于上光和覆膜。

3. 试调墨过程

按照选定的基本色墨及估计的油墨比例，用电子秤称取少量的各色墨（称墨过程和调墨刀如图 3.3 所示），放到调墨台上。利用墨刀把油墨搅均匀，图 3.4 所示为手工搅墨过程。用一张打墨纸（一般是用 125 g 的铜版纸切成的小纸片）点取微量油墨放到另一张打墨纸上（中间位置），进行手动刮样（要均匀）。将刮样好的打墨纸从中间撕开，把该色样和标准色样拿到标准光源（见图 3.5）下进行对色分析。若偏色，则判断颜色偏色方向，确定需要补充油墨类型、估计墨量大小，然后重复以上调墨过程，直到调配的油墨颜色与色样专色颜色相近为止。

图 3.3　称取墨量和调墨刀

图 3.4　手工搅墨过程

图 3.5　标准光源

可利用展色仪（或印刷适性仪 IGT，见图 3.6）在色条上进行打样，效果与印刷效果更为接近。因为耗费的时间较长、过程烦琐，所以为了节约时间，往往都是先用手点刮样，再利用展色仪进行打样、微量调整。将对比色条样与标准色样对比，目测很相近时，可借用色度仪（见图 3.7）测出色条样与标准色样的 ΔE（色差）值和 ΔL（亮度差）、ΔA、ΔB（色度差）值，以帮助判断偏色情况。重复以上调墨过程，直到调配到符合客户要求的 ΔE 值以及目测可以完全通过为止。

图 3.6　展色仪（印刷适性仪 IGT）

图 3.7　色度仪

注意：

（1）搅墨时一定要把油墨搅均匀，刮样点墨时要平整、均匀，厚度接近印刷样稿的厚度。

（2）调墨过程，应先加入的是主色墨，然后再逐步少量地添加其他油墨。

（3）刮样对比时，尽量选用产品使用的纸张，注意干湿油墨的颜色不尽相同。一般，浅色干燥后，颜色显得更浅一些，而深色油墨干燥后，颜色会显得深一些。

（4）展色仪展色前，要确保墨辊都清洗干净，否则容易出现混色。对展色仪的压力进行调节时，要清楚对不同的纸张，压力要求不一样。

（5）调配过程中，若出现油墨偏色情况，可利用颜色互补的原理纠偏。如墨色偏黄，则可加入少许蓝紫色，调整色相。但互补色相互混合会产生消色，导致墨色饱和度降低。如果颜色存在明度差别，可利用冲淡油墨来纠正。

4. 记录过程

油墨调配好后，记录各种使用的原色墨类型、名称及使用的耗墨量，以 g 为单位。

把最后符合要求的展色条贴到记录表（配方卡）上，记录色样及色条的检测数据（含 Lab、ΔE 值）；记录调墨的日期及调墨工作人员名字；记录调墨使用的相关承印材料名称、种类、产品印刷幅面。

注意：墨刀、调墨台上残余墨量会对计算耗量有一定影响，存在一定的误差。

5. 批量调配

试调墨完成后，计算油墨使用总量，根据配方进行批量调配。

估算这批产品印刷的用墨量。一般靠经验来估算，主要考虑以下几方面：印刷面积、油墨印的深浅（厚度）、印量、损耗率、印刷机的最少上墨量，也可参考过去印刷同类产品时油墨用量情况。

根据配方中各油墨的比例，按照油墨使用总量要求，计算出所需要的各色油墨量大小，称取各色油墨，在调墨台上均匀搅拌。若油墨使用量较大（8~30 kg）的则采用搅拌机搅拌。

采用手点刮样的方式将批量调配好的油墨与之前试调墨时合格的油墨进行对色比较，若出现差异，估计原因有：配方出错、下墨量出错、下墨量计算出错，一般重新计算好墨量大小，再通过适当添加少量其他辅助色墨来调整油墨的颜色，直到合格为止。对调配好的油墨添加必要、适量的辅助料，如干燥剂、冲淡剂、调墨油等。

注意：配方不要弄错；计算下墨量时不要计算错误；下墨称量时不要称错，减少误差；调墨时要完全搅拌均匀；对比批量调配好的油墨与之前试调墨时合格的油墨的色样时，油墨厚度要一致，且要在标准光源下对色；油墨的适性也是很重要的，油墨要具备一定的黏度及流动性，适当地加入干燥油。

6. 保存登记好油墨以待上机印刷

把调配好的油墨装到油墨罐中，或直接在墨盘内封好（墨盘内封存一般会在薄纸上涂一层防干剂，然后盖在上面，防止结皮干燥）。然后，贴上油墨标签（内容含：客户名、产品名称、油墨色相、油墨重量、印刷数量、调墨日期和承印机台）。

注意：油墨标签不要登记错误，油墨合理存放。

7. 上机印刷后对颜色进行修改

机台人员到墨房领取该产品的专色油墨，装到机台上进行印刷生产，校色，并印刷出样张。分析样张专色质量，若出现颜色偏差，及时分析原因，在原有墨的基础上直接纠偏。

展色仪展色与印刷机印刷条件不同，样张颜色与展色条色彩是有差别的，因此，油墨颜色一般需要进行微调纠偏，以达生产要求。要特别留意机台洗车是否干净，这将直接影响到印样的颜色效果。

8. 余墨的处理

印刷完毕后，将机台印刷剩余油墨用油墨罐装好，贴好油墨标签，存放到剩余油墨架上，以待下次印刷，或调配成其他颜色的油墨。存放时一定要分类存放，做好登记，以备盘点检查、再利用。

9. 调墨案例分析

下面是某款生产工单（见图3.8），纸袋产品的卷宗（见图3.9）及标准色样（见图3.10），无油墨类型要求。标准色样（蓝色）的色度检测数据：L: 30.38、a: 1.97、b: -12.21。

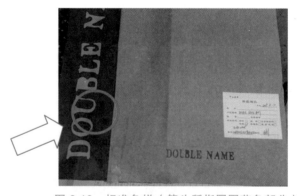

图 3.8　生产工单

图 3.9　卷宗　　　　　　　图 3.10　标准色样（箭头所指圆圈蓝色部分）

根据色样获悉，专色为深蓝色，纸张采用新西兰牛皮纸，客户对油墨没特别要求，可直接用普通四色墨调配，估计油墨组成及配比：四色蓝55%、四色红35%、四色黑10%。一般新西兰牛皮纸印刷后会偏红偏暗，而且干的越透颜色越红越暗。这种纸张对白墨的反应较大，所以要注意白墨的使用。

为了更好地利用油墨，减少剩余油墨的积压，降低成本，考虑利用蓝红色的废旧油墨进行调配。但要注意，该颜色浓度不宜过低，不宜过暗，调配过程应添加适量的调墨油。

该产品专色蓝图案部分，实地但面积不大（约 40 cm×8 cm），印量为 15 000 张，但印的油墨较深（大墨），所以估计耗墨总量为 6 kg 左右，因此一次性调配所有用墨。

将选好的废旧蓝红色油墨倒到玻璃台面搅匀，由于铜版纸刮样与新闻纸色样效果差别很大，因此采用展色仪展色，在新西兰牛皮纸（表面比较粗糙）上能达到较好的展色效果。具体调墨过程如表 3.1 所示。

表 3.1　油墨调配过程

调墨过程	基本做法	颜色判断	色差数据量	色条样	说明
第一次	加入废旧油墨蓝红色（约 5.3 kg），展色仪展色	颜色偏红较多，而且发暗	ΔE: 6.04 ΔL: -0.61 Δa: 2.81 Δb: 4.51		色差较大，需要消除红色、开鲜
第二次	直接开蓝（加蓝色，约 0.7 kg）	色条颜色已接近，不过有点发暗	ΔE: 2.44 ΔL: -1.64 Δa: 0.05 Δb: 2.75		色差较大，需要开鲜。开鲜有两种方法。一是加鲜艳的油墨，如：射光蓝和桃红，不过对于现在这个颜色蓝红差不多的情况，一般选择第二种方法加白墨。由于纸张较暗，加白墨就可以覆盖住纸底的颜色，所以颜色就马上鲜出来
第三次	加白墨（1 kg）	遮住底色，鲜度接近，颜色接近，仍有少量偏蓝、偏绿、且欠点鲜	ΔE: 1.55 ΔL: -0.71 Δa: 1.06 Δb: 0.48		色差基本符合，但还需要开红、开鲜
第四次	加入少量的桃红（0.05 kg）	颜色基本一致	ΔE: 1.55 ΔL: -0.42 Δa: 0.31 Δb: 1.81		油墨越是干透越是偏红，而且自然干燥还会红一点点。所以油墨调配到此即可上机印刷
总墨量	7 kg				

专色蓝调配完毕后，直接上机印刷，初次印张颜色和色样对比，欠一点红色，结合过去案例分析，一般深色墨干燥后会显得颜色更深，因此该产品不宜调配过红，只要在油墨中略加少许的四色红即可印刷生产。经生产，待印样干燥后，颜色与客户印样基本一致，如图 3.11 所示。印样干透后测量的数据：ΔE: 0.28、ΔL: -0.39、Δa: 0.01、Δb: 0.38，完全符合客户的要求。

最终，该专色蓝调配总量约 7 kg，印刷生产用样约 6.5 kg，余 0.5 kg，存在余墨架内以待下次印刷或调配其他颜色。

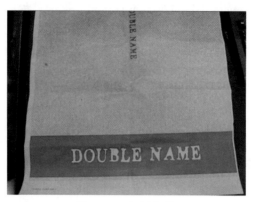

图 3.11　印刷色样

任务 2　配色软件调配专色墨

【背　景】

经验配色法受配色者主观因素及其他客观条件的影响，配色质量难以保持稳定，油墨浪费较大，剩余油墨利用率低；配色只能定性而无法定量，不利于技术传播与交流。计算机配色系统集测色仪、计算机和配色软件于一体，将配色基础油墨的颜色数据预先储存在计算机中，无需烦琐而昂贵的反复试验流程，即可计算出配色所需油墨的混合比例，快速获取油墨配方。

爱色丽 Ink Formulation 是业内常用油墨配色软件之一，能够根据印刷工艺、油墨、照明条件、颜料价格以及拟用的部件和材料数量，计算出最佳、成本最低的油墨配方，使油墨制造商和印刷企业在油墨配方和种类上享有更大的灵活性，提高基础物料处理能力，自动确定正确的油墨厚度，并有助于消除有害的废墨。目前，油墨制造商基本使用 Ink Formulation 6.0 新版本（见图 3.12）。

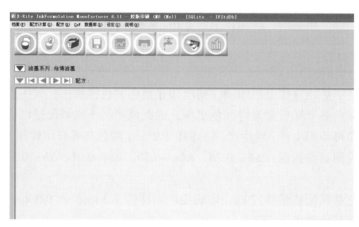

图 3.12　Ink Formulation 6.0 软件界面

（一）任务解读

计算机配色的基本原理是将生产上配色所用油墨的颜色数据，预先储存在电脑中，应用这些数据计算出用这些油墨配得与原稿色相，同颜色的比例，从而达到实现配方的目的，如图 3.13 所示为计算机配色的基本流程图。

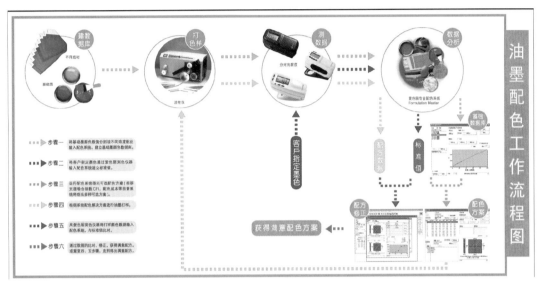

图 3.13 计算机配色基本流程图

（二）设备、材料及工具准备

材料：打样条选用 128 g/m² 的双面铜版纸裁切成 10 cm × 5 cm 规格、Pantone 色卡（见图 3.14），并以该色卡上的 1565C（颜色编号 1565，C 代表涂布纸）为标准色，配制一个新的专色。

工具：打样机或印刷适性仪（见图 3.15）、电子天平（见图 3.16）、分光光度仪、标准光源（见图 3.17）、配色软件、调墨刀等。

图 3.14 Pantone 色卡 C 系列和 U 系列

耗材：Y、M、C、K 四色墨、白墨、荧光橙、荧光黄等。

图 3.15　IGT 印刷适性仪

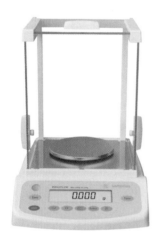

图 3.16　电子天平

图 3.17　标准光源

（三）课堂组织

分组，5 人 1 组，实行组长负责制；每人领取 1 份实训报告，先由实训教师演示 Ink Formulation 6.0 调配软件的参数设置及操作方法，然后各组同学实践。调配结束时，教师根据学生软件操作过程的规范程度及色样效果进行点评；现场按评分标准在报告单上评分。

（四）操作流程

1. 建立基础油墨数据库

基础油墨数据库的准确性直接影响专色油墨配色的准确性和配色效率。基础油墨的品牌、种类数量以及印刷基材的选用等，要根据企业的生产实际情况确定，一般需要选十几种基础色墨备用，建立适合涂布纸与非涂布纸的两个油墨数据库。本例选用潘通系列的 12 种油墨，128 g/m^2 的双面铜版纸，建立适合涂布纸的基础油墨数据库。

（1）将每种基础色墨与透明白墨按 2%、4%、8%、16%、32%、64%、90%、100% 等 8 种不同比例分别配成 10 g（精度 0.001 g）样墨。

（2）使用 IGT 印刷适性仪将样墨（绘博油墨）打出色样条（见图 3.18），印刷适性仪压力取 400 N，注墨量为 0.12 mL，匀墨时间为 100 s，给纸样上墨时间为 30 s。要求每个样墨打出 3 个色样条，同时打出 3 条透明白墨色样以及准备好 3 张印刷用白纸样。

图 3.18　绘博油墨样条

（3）将分光光度仪预热 3 min，并连接至计算机配色系统。待色样条上的油墨完全干燥（常温下约 1 h）后，依次测量白纸样、透明白墨色样和所有不同浓度基础油墨色样的光谱反射率数据。在配色系统中设置测量次数为 6，即在每张色样条或白纸样上取两点（选择墨色均匀的部位）测量，一共测 6 次，目的是尽量减少测量误差。图 3.19 所示为制作的不同浓度的基础色墨色样条。

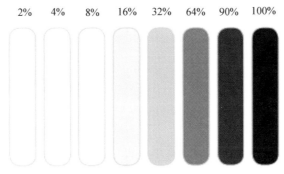

图 3.19　不同浓度的基础色墨色样条

这里对色样条测量所得的是光谱反射率数据，因为光谱反射率最终决定某个颜色的色相、明度和饱和度，具有高度的准确性。分光光度仪将每次测量采集到的各测量点的光谱反射率数据，经过复杂的运算转换，以直观的 L、a、b 或 L、c、h 值（L、a、b 和 L、c、h 可以自动换算，本例选择 L、c、h 值）显示出来，等 6 个测量结果传输至计算机后，系统自动求取平均值并记录下来。此后，在系统里输入每种油墨的价格、需要调配的油墨总量等信息，所有工作完成后，基础油墨数据库就建成了。整个基础油墨数据库建立过程非常烦琐，需要细致和认真操作。

2. 样本测量

用分光光度计测量样本（客户要求的颜色，又叫目标色，这里指 1565C）的颜色数据传至配色系统，软件会记录样本色的反射光谱数据并转换成 L、a、b 值显示出来（见图 3.20C）。配色系统根据目标色的数据，自动从基础数据库中进行合理匹配，迅速生成专色配方（见图 3.20B）。系统能提供多个可选配方，并按各种指标对配方进行排序，从中选择最优的配色方案。这些指标包括色差、反射率曲线吻合度、同色异谱程度、配色成本等，由用户确定这些指标的优先顺序，系统就将对应的配方进行排序。本例选择色差（ΔE）最小为优先指标，系统选择的配色方案如图 3.20B 所示。

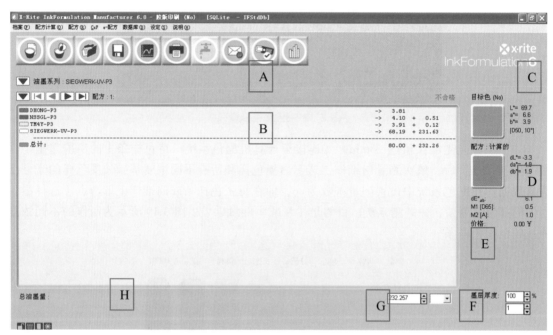

图 3.20　计算机配色界面

3. 人工调色

根据配方显示的用墨品种和比例，将事先设定的调配总油墨量（见图 3.20G，本例为 100 g），按各自的比例，用高精度电子天平分别称取相应量的暖红、橙色、透明白油墨，人工调和均匀。

4. 打色样

将调配好的油墨，用 IGT 印刷适性仪打出色样条，操作方法和参数标准同建立基础油墨数据库的第（2）步，打出 3 个色样条备用。

5　色样测量

将干燥后的色样条，用分光光度仪测量 6 个点的光谱反射数据。操作方法同建立基础油墨数据库的第（3）步，系统自动求取平均值并记录下来。

6. 色差计算

系统按事先设定的色差优先，自动求出目标色和按配方所得墨色（以下简称配方色）的 L、a、b 差值（见图 3.20D），并计算出两者的色差值（见图 3.20E）。

7. 配方修正

如果配方色与目标色的色差太大，不在要求范围之内，可以在软件菜单"配方"下选择"修正配方"，软件会给出新的解决方案。按修正配方比例，将人工调色、打色样、色样测量等工作重复一遍，直到色差值在要求范围内，配方合格。

8. 配色结果评价

（1）色差评价。色差是用数值的方式表示两种颜色给人视觉上的差别，值越小代表色差越小，值越大代表色差越大。在实际生产中，要求调墨的色差：一般产品 $\Delta E \leqslant 3.00$，高端产品 $\Delta E \leqslant 1.00$。色差值与人的视觉感受程度如表 3.2 所示。色差值的大小与测量时分光光度仪选用的光源有关，光源不同，色差值也不同。本例的色差值（见图 3.20E），在 D65、A、D50 3 种光源条件下，计算的色差值分别是 0.3、0.2、0.1。无论选用哪种光源计算所得的色差值，都在 0.0～0.5 内，说明目标色和配方色之间的差别很小，达到了行业要求的高端产品配色标准。

表 3.2　色差值与视觉感受

色差值	视觉感受程度
0.0～0.5	微小色差，几乎感觉不出
0.5～1.5	小色差，感觉轻微
1.5～3.0	较小色差，感觉不明显
3.0～6.0	较大色差，感觉明显
>6.0	大色差，感觉强烈

（2）反射率曲线吻合度评价。吻合度是指两个颜色的光谱反射率曲线的重合程度，通过对比分析目标色与配方色的光谱反射率曲线，就能看出两者的差别，如图 3.21 所示。如果光谱反射率曲线形状大致相同，交叉点和重合段多，则表明同色异谱程度低。图 3.21 所示为目标色与配方色的光谱反射率曲线，波长在 420～500 nm、620～700 nm 段曲线基本重合，而在 500～620 nm 段曲线高低交替波动，说明两者对这个波长段光线的反射率有差异，存在同色异谱现象。由于色差很小，同色异谱的程度也就非常低。

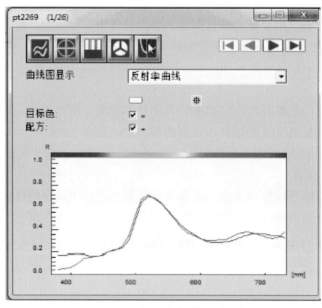

图 3.21　目标色与配方色的光谱反射曲线

（3）同色异谱效应评价。如果在一种光源下看上去颜色相同的两个色样，换成另一种光源照明时，两个色样之间出现了明显差别，这种现象称为同色异谱效应。同色异谱效应可以由改变色度观察条件或改变照明体而造成，但前者一般影响很小，主要是考虑照明条件改变而导致的同色异谱效应。图 3.22 所示 的每个测试色块由目标色（左）和配方色（右）组成，在 D65、A、D50 3 种照明光源下的色差都小于 3，进一步说明目标色和配方色的同色异谱程度低，即使改变照明条件，人眼都感觉不出两者差异。

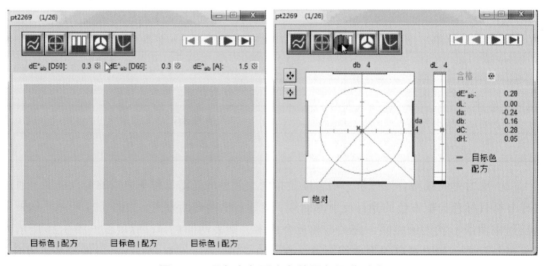

图 3.22　目标色与配方色的同色异谱测试

任务3　油墨性能的测定

【背　景】

油墨的印刷性能一般指用于某一种印刷方式的油墨，应具有适应其印刷工艺和印刷条件的各种必需的性质，这些性质又必须使印刷的产品达到一定的印刷效果和印刷质量。油墨的印刷适性，是油墨在印刷、干燥过程和印刷质量3个方面适性的总和。

（一）任务解读

为了检测所制备油墨的各项性能，保证在印刷过程中油墨各项指标能够相对稳定，使得印刷中的各项工艺顺利进行，需在正式上机印刷之前对油墨进行黏度、颜色、流动性、干燥性、稳定性、耐抗性、光泽度、三原色密度等指标进行一一检测。

（二）课堂组织

分组，5人1组，实行组长负责制；每人领取1份实训报告，检测结束时，教师根据学生操作的规范程度及油墨各项性能的检测结果的精确程度进行点评；现场按评分标准在报告单上评分。

（三）油墨各印刷指标的检测步骤

1. 黏度测试

1）概　念

黏度是表征流体分子间相互吸引而产生阻碍其分子间相对运动能力大小的物理量。假设一个流体被限制在两块平行板之间，一块是静止的，另一块是移动的，它们之间相隔的距离为 x，让力 F 以正切方向作用于上面可移动的板上，上板滑动速度对下板来说是 v，夹在两板之间的上层流体层速度最大，中间的流体层速度中等，下面的流体层速度最小，如图3.23所示。

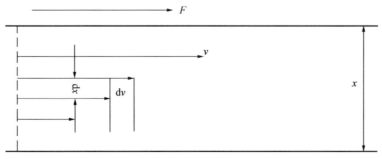

图3.23　两平行面间流体受力流动情况

对流体的任何部分来说，其速度梯度 dv/dx 是个常数。由于速度梯度实际上就是流体受力以后的两层流体间的速度变化率，在物理学上，速度梯度称为切变速率 D，即 $D = dv/dx$。

当切应力用 dyn*/cm^2 表示，切变速率用 s^{-1} 表示时，黏度的单位就是 P（泊）**。计算公式如式（3.1）所示，其中（1 P = 0.1 Pa·s），

$$\eta = \tau/D \ （P） \tag{3.1}$$

式中　η——黏度，表示当流体受到 1 dyn/cm^2 的切应力，而能产生 1 cm/s 的速度梯度时，则称该流体具有 1 P 的黏度；

　　　τ——切应力，为单位面积上受的力，$\tau = F/A$（dyn/cm^2）；

其中，A 表示受力面积，单位为 cm^2。

2）测试原理及适用标准

（1）测试原理：油墨在墨辊高速旋转时脱离，墨辊的离散现象称为油墨的飞墨。根据油墨黏性测定仪在测试黏性时，油墨离散到白纸上的黏墨情况测试油墨飞墨。

（2）适用标准：GB/T 14624.5—1993 油墨黏性。

（3）检验方法。

① 仪器、工具与材料：

油墨黏性测定仪（见图 3.24）、测试油墨、调墨刀、秒表（分度值 0.2 s）、计时器、白纸、棉纱、擦洗溶剂：NY-200 溶剂油。

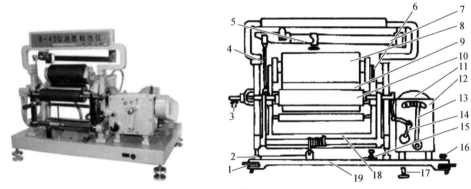

图 3.24　油墨黏性测定仪示意图

1—水平调节螺丝；2—弹簧；3—水管；4—杠杆；5—游标；6—手柄；7—杆尺；8—合成胶辊；9—金属辊；
10—匀墨胶辊；11—电动机；12—齿轮组箱；13—变速棒；14—曲柄；15—制动器；
16—水平仪；17—吸墨器；18—横梁；19—底座

② 测试操作流程：

a. 接通仪器电源，调节恒温箱水温至 32 ℃，保持恒温。

b. 仪器变速杆置于低速位置，将合成胶辊及匀墨胶辊压在金属辊上。

c. 启动仪器，运转 15 min 后，将游标置于标尺"0"位。调节仪器，使标尺处于平衡状态。

d. 将调好的试样油墨灌入金属吸墨器后，再把试样油墨由金属吸墨器内挤出，均匀涂于合成胶辊上。用手转动马达，使油墨均匀转涂于金属辊和匀墨辊上。

e. 当油墨黏性测定仪运转 1 min 后，在横梁处放一张白纸，油墨黏性测定仪继续转动 1 min 后，取下白纸。

---

*   dyn（达因），力的非法定计量单位，1 dyn = 10^{-5} N

**   P（泊），黏度的非法定计量单位，1 P = 0.1 Pa·S。

f. 视觉观察白纸上是否有墨点，并根据白纸上墨点的多少来判断飞墨的程度。

g. 测试结束后，关闭电动机，清洗墨辊，干净后离开。

2. 颜色检验

1）概　念

印刷品的颜色是油墨印在承印物表面表现出来的，对于黑白印刷品，其印迹越黑，与承印物反差越大越好。而对于彩色印刷品，色彩鲜艳，符合原稿要求为好。根据色彩合成理论，三原色油墨 Y、M、C 必须全部吸收其补色光，而反射其本色光。但实际上的三原色的光谱反射率曲线（见图 3.25），与理想油墨的光谱反射率曲线差别很大。实际油墨仅能反射应该反射的色光中的一部分和吸收应该吸收的色光的一部分，其反射率和吸收率均达不到理想值。

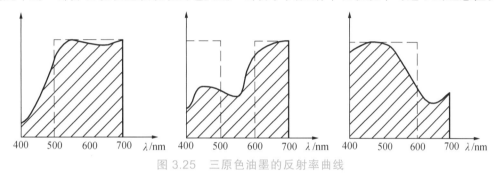

图 3.25　三原色油墨的反射率曲线

2）方法原理

将试样与标样以并列刮样的方法对比，检视试样颜色是否符合标样。

3）仪器设备

（1）调墨刀：木柄锥形钢身，长 200 mm，最宽处 20 mm，最窄处 8 mm。

（2）刮片：不锈钢片制，92 mm×59 mm×0.5 mm，刃部宽 9 mm 处向外弯曲 25°。

（3）玻璃板：200 mm×200 mm×5 mm。

（4）刮样纸：晒图纸，规格 110 mm×65 mm，顶端往下 60～65 mm 处有 5 mm 宽黑色实底横道。刮样示意图如图 3.26 所示。

（5）玻璃纸：65 mm×30 mm。

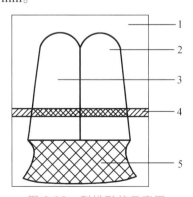

图 3.26　刮样形状示意图

1—试样；2—刮样纸；3—标样；4—黑色横道；5—厚墨层

4）检验步骤

（1）用调墨刀取标样及试样各约 5 g，置于玻璃板上，分别将其调匀。

（2）用调墨刀取样约 0.5 g 涂于刮样纸的左上方，再取试样约 0.5 g 涂于刮样纸的右上方，两者应相邻不相连。

（3）将刮片置于涂好的油墨样品上方，使刮片主体部分与刮样纸呈 90°。用力自上而下将油墨于刮样纸上刮成薄层，至黑色横道下 15 mm 处时，减少用力，使刮片内侧角度近似 25°，使油墨在纸上涂成较厚的墨层。最终刮样形状应与标样相似。

（4）刮样纸上的油墨薄层称为面色，刮样纸下部的油墨厚层称为墨色，刮样纸上的油墨薄层对光透视称为底色。

（5）油墨颜色检验完毕，将玻璃纸覆盖在厚墨层上。

5）检验结果

（1）平版油墨、凸版油墨重点检视试样的面色和底色是否与标样近似、相符。

（2）网孔版油墨、纸张用凹版油墨重点检视试样的面色是否与标样近似、相符。

（3）检验结果应以刮样后 5 min 内观察的面色和底色为准，墨色供参考。

6）注意事项

（1）检验应在温度(25 ± 1) °C，相对湿度(65 ± 5)%条件下进行。（其余项目也应控制在同样的温湿条件下进行。）

（2）检视面色及色光应在入射角(45 ± 5)°的标准照明体下进行。

（3）检视底色应将刮样对光透视。

3. 油墨流动性检验

1）概　念

油墨的黏滞性、屈服值、触变性以及流动度，统称为油墨的流动性。流动度是黏度的倒数，它不仅指明油墨的稀稠，也和黏度有关。

2）方法原理

以一定体积的油墨样品在规定压力下，经一定时间所扩展成圆柱体直径的大小（mm）来表示油墨流动度。

3）仪器和材料

（1）调墨刀、玻璃板、棉纱、定时钟。

（2）流动度测定仪（见图3.27）：由质量为(200 ± 0.05) g 五等砝码 1 个，质量为(50 ± 0.05) g、厚度为 5 ~ 6 mm、直径为 65 ~ 70 mm 圆玻璃 2 片，金属固定盘 1 个组成。

（3）墨管：容量 0.1 mL。

透明度量尺：分度值 1 mm。

（4）工业用乙醇。

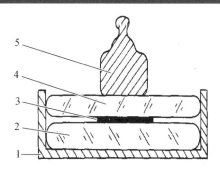

图 3.27　流动度测定仪

1—防止玻璃瓶滑动的金属固定盘；2—圆玻璃片；3—受测油墨；4—圆玻璃片；5—砝码

4）检验步骤

（1）油墨试样及流动度测定仪应事先置于恒温室内保温 20 min。

（2）用调墨刀取油墨试样 2～3 g，在玻璃板上调动 15 次（往返为一次）。用吸墨管吸取试样 0.1 mL，将管口及周围余墨刮去，使试样与管口齐平，管内油墨不得含有气泡。

（3）将吸墨管内油墨挤出，用调墨刀把墨刮置于金属固定盘内的圆玻璃片中心，并将吸墨管芯的余墨刮掉，抹于上圆玻璃片中心。

（4）将上圆玻璃片放在金属固定盘内的圆玻璃上，使中间有墨部分重叠，立即压上砝码，开始计时（注意金属固定盘保持水平）。

（5）15 min 后移去砝码，用透明度量尺测量油墨圆体直径。交叉测量两次。

5）检验结果

交叉测量的平均值为流动度数据。如交叉测量相差大于等于 2 mm，则试验必须重做。

4. 油墨干燥性检验

1）概　念

干燥性是指转移在承印物表面的油墨墨层由液态转化为固态的现象。印刷后的油墨在极短时间内从液体到固体，整个过程是经过部分连接料的渗透或挥发，以及部分连接料产生化学或物理反应，使墨膜逐渐增稠变硬，最后使固体薄膜和承印物黏为一体。

油墨印刷到承印物上，由液体变为半固体称为固着，即当用手触摸时不会被擦掉或进行下一道工序时不产生转印现象。墨膜完全干燥时，它的硬度、抗摩擦性有明显增高，物理或化学反应达到终点，称为油墨固化。

2）检验原理

在加入定量白燥油的油墨刮样上，在一定压力条件下，不使附在刮样上面的硫酸纸粘色所需时间即为油墨的干燥时间。以小时（h）表示，试验是在标样与试样对比条件下进行。

3）仪器和材料

（1）自动干燥测定仪，如图 3.28 所示。

（2）分析天平、调墨刀、刮墨刀、刮样纸、标准白燥油、硫酸纸、标准油墨样。

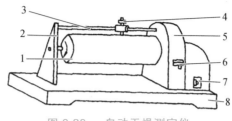

图 3.28　　自动干燥测定仪

1—圆筒；2—支架；3—螺旋细杆；4—砝码；5—圆轮压轮；6—速度调节器；7—电钮；8—底座

4）检验步骤

（1）按照下列比例在分析天平上称取试样及标准白燥油充分调匀，以同样方法称取标准样及标准白燥油充分调匀。油墨试样与白燥油比例如下：

树脂墨：试样（或标样）油墨与标准白燥油质量比为 95∶5。

油脂墨：试样（或标样）油墨与标准白燥油质量比为 90∶10。

（2）将已调匀的油墨标样和试样并列刮成约 30 cm 长的刮样，立即记录时间，覆盖硫酸纸一起包在自动干燥试验机的圆筒上，并用嵌条将纸夹紧。

（3）将装有 100 g 砝码的压轮移至螺旋杆的左边，将其压于覆盖有硫酸纸的刮样上，接通电源，根据需要将速度调节器放于每转 10 min 的位置上，开启电钮，此时圆筒即开始旋转，加压轮开始划线，并向左慢慢移动，使加压轮走完所需时间。

（4）检视经加压轮滚压过的硫酸纸，将不致粘上墨痕即为油墨干燥（尚未干燥，则粘上条状墨痕）。当加压轮转到尽头时，将硫酸纸取下，检视纸上墨痕条数，并换算成小时数，即为油墨干燥时间。求出试样与标准干燥时间之差，看是否与该标准相等。

5）注意事项

（1）加白燥油的油墨要立即做干性测试。

（2）试验不得中断。

5. 油墨稳定性检验

1）方法原理

对油墨进行一定时间的冷冻和加热试验，观察油墨是否有胶化情况或反粗现象。

2）仪器设备

（1）能容纳 20 g 油墨的铁盒。

（2）自控恒温箱、自控冷冻箱、流动度测定仪、调墨刀、透明量度尺。

3）检验步骤

（1）将受试油墨分别装入两铁盒内，每盒内装油墨不少于 15 g，铁盒内的油墨要排除气泡，再封上玻璃纸记上标志。把铁盒盖好，然后分别放入 75～80 ℃ 自控恒温箱和 –15～–20 ℃ 的冷冻箱内经 72 h 取出，置室温存放。

（2）把已置室温存放 3 h 以上的受试验油墨按照本章中"油墨流动度检验方法"做流动度测定，并与未做加热和冷冻试验的油墨作流动度对比。

4）检验结果

根据受试验油墨流动度的差距和油墨的性能变化，按下列规定确定受试验油墨是否稳定。

（1）试验后流动度较原来未试验前变化不太大的油墨称之为稳定。

（2）试验后流动度较原来未试验前变大较多，墨性仍尚好，则此油墨变胶化可能性不大，但不够稳定。

（3）试验后流动度较原来未试验前变小较多，墨性变"短"、变"立"，则称之有胶化倾向，一般此类油墨存放易于胶化。

5）注意事项

（1）冷冻试验方法，主要确定其是否反粗。

（2）加热试验方法，主要确定其是否有变胶化可能。

6. 油墨耐乙醇、耐碱、耐酸和耐水性检验

1）浸泡法

（1）方法原理。

将经干燥的油墨刮样，分别浸泡于规定浓度的酸、碱、乙醇及水中，经一定时间后取出刮样。根据刮样变化情况评级，并以之表示油墨耐酸、碱、乙醇及水的性能。

（2）仪器和材料。

调墨刀、刮墨刀、刮样纸、试管、小镊子。

氧化钠溶液：$\omega(NaOH) = 1\%$。

盐酸溶液：$\omega(HCl) = 1\%$。

乙醇溶液：体积分数为95%。

（3）检验步骤。

① 将受检油墨用调墨刀放于道林纸中上方，持刮墨刀自上而下用力刮于刮样纸上，呈均匀的刮样，然后使之在常温条件下放置，干燥24 h（个别产品可适当延长）。

② 将干燥后的刮样剪下墨色部分小块，分别置于盛有规定浓度的酸、碱、乙醇及水的试管内浸泡。

③ 浸泡24 h后，用镊子取出刮样，与未经浸泡的刮样对比，检视刮样的变色情况。根据表3.3评定受检测油墨耐酸、碱、醇、水的级别。

表3.3　油墨耐酸、碱、醇、水的级别

级　别	刮样变色程度	溶液染色程度
1	严重变色	严重染色
2	明显变色	明显染色
3	稍变色	稍染色
4	基本不变色	基本不染色
5	不变色	无色

（4）注意事项。

① 耐乙醇试验因试剂挥发快所以此实验要在密封条件下进行。

② 做空白实验对比，以便观察纸张在溶液中变化情况，定级时应减除其纸张变化因素。

③ 测定时室温不宜过低，通常情况下应在 20～25 ℃ 测定。

2）滤纸渗浸法

（1）方法原理。

将经干燥过的油墨与规定浓度的酸、碱、乙醇和水溶液浸透的滤纸接触，在一定压力、一定时间后，根据油墨刮样变化的情况及渗透染色滤纸张数评级，并以之表示油墨耐酸、碱、乙醇及水的性能。

（2）仪器和材料。

调墨刀、刮墨刀、小镊子。

小玻璃板：9.5 cm×6 cm。

砝码：1 000 g。

定性滤纸：直径 11 cm。

蒸发皿：100 mL。

试剂：与浸泡法中所用试剂一致。

（3）检验步骤。

① 将受检油墨用调墨刀调少量放于刮样纸中上方，刮墨刀自上而下用力刮于刮样纸上，呈均匀的刮样，剪去墨色部分，然后常温放置 24 h，使之干燥。个别产品可适当延长。

② 取小玻璃板置于平面工作台上，将刮样的 1/2 平放于玻璃板上。

③ 在 100 mL 蒸发皿中注入溶液，取定性滤纸 10 张，用镊子夹在一端浸入溶液中至完全浸透，取出覆盖于油墨刮样 1/2 部分。

④ 将另一块玻璃压在滤纸上，并加一个砝码静置 24 h 后，取下砝码及玻璃板，稍干后，检视刮样变色情况（可同示压滤纸部分比较）及染渗滤纸张数。按表 3.4 中的规定评定等级。

（4）注意事项。

① 接触油墨刮样的第一张滤纸不计在内。

② 试验中如滤纸不染色，可根据表 3.4 中刮样变化程度评级。

表 3.4　油墨耐抗性级别

级　别	滤纸染色张数	刮样变化程度
1	8～9	严重改变
2	6～7	明显改变
3	4～5	稍改变
4	1～3	基本不改变
5	0	不改变

③ 耐乙醇试验因试剂挥发较快，所以测试时要放到可封闭的盒内，其他操作相同。

④ 做空白试验对比，以便观察纸张在溶液中的变化情况，定级时应减除变化因素。

7. 油墨光泽检验

1）方法原理

油墨光泽的测定是采用光电计进行的，在一定光源的照射下，试样与标准面反射光亮度之比，用来表达油墨的光亮度（以标准面的反射光亮度为 100%）。

2）仪器和材料

（1）印刷适性仪、光电计、调墨刀、胶水、裁纸刀、剪刀。

（2）铜版纸：270 mm × 200 mm。

（3）吸墨管：0.1 mL。

（4）小型打样机 1 套：附 30 mm × 95 mm 铜板 1 块，1 只合成胶辊，直径 31.8 mm，长 100 mm。

（5）汽油。

3）检验步骤

（1）按下述两种方法之一印样：

① 用印刷适性仪印样。先将印刷适性仪开动，把胶辊、钢辊及手摇夹纸器等部件擦洗清洁。用调墨刀将试样在玻璃板上调动 15 次，然后用调墨刀将试样装入 0.1 mL 的吸墨管内装平，不能有气泡。把吸墨管中的油墨放在印刷适性仪的胶辊上（共有 4 个胶辊，一次可以同时进行 4 个试样印刷）。将胶辊与钢辊之间距离调节到一定位置（适性仪后有松紧手轮），用两张铜版纸在手摇夹纸器上夹住（夹纸器与胶辊的距离是固定的），以手摇动胶辊转数转，然后再开动机器 2 min，将墨打匀，立即掀开机器后面松紧手轮，再关掉机器。以手摇夹纸器，在胶辊上进行印刷，（速度要均匀），印好印样。

② 用小型手摇打样机印样。先把铜版、合成胶辊用汽油擦洗干净，不带有其他颜色和杂质，凭经验把打样机两边的压力调整一致。用 0.1 mL 吸墨管吸满油墨，注意不能夹有气泡，然后把吸墨管内的油墨全部涂抹在铜版上，两手拿住胶辊的顶端，把油墨打匀，胶辊着墨部分，应尽量保持铜版宽度，以保证油墨印刷厚度。把打匀油墨的铜版立即放在打样机的凹槽内，左手用橡皮膏把铜版纸贴在圆辊筒上，右手摇动打样机手柄一周，立即印好印样。

（2）将光电计测量头插头拧紧，然后打开电源，预热 10 min。

（3）将测量头拿起，旋转调旋扭，使表头指针为零。

（4）将测量头置于标准版上，旋转定标旋钮，使指针指向标准板的标准值。

（5）重复步骤（3）、（4），直至指针仍然能指零和指示标准值，方可进行测量。

4）注意事项

（1）测定同一类型的各种油墨时，要注意使用同一种规定的标准纸张，否则影响测定数据。

（2）印片的干燥程度对测量有影响，印片要干燥 24 h。

（3）测量头在试样的不同位置上会得到不同的光量度，故要选择 3 点，求其平均值为该油墨的光泽的光量度。

（4）接线时必须仔细，接线后要反复检查，防止输入端与输出端接反，造成仪器的损坏。

（5）测量头的灯泡位置对测量影响很大，不可随意更改，当换灯泡时，应按使用说明书调整位置。

（6）油墨印刷后，应立即用汽油将胶辊和铜版擦干净，以防油墨在表面结皮。

8. 三原色油墨密度检测

1）刮样法

取少量标样和试样分别调匀，放在标准样纸上方，用刮刀自上而下刮成 3~5 cm 的长条墨膜层，过黑带即后墨膜层，然后观察标样与试样墨层在黑带以上的底色、面色及黑色差别。图 3.29 所示为刮样示意图。

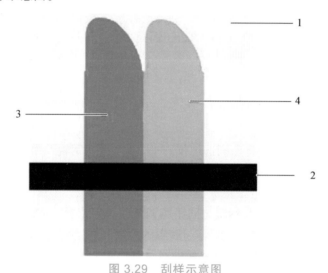

图 3.29　刮样示意图

1—标准样纸；2—黑带条；3—标样墨；4—试样墨

2）密度计法

用分光光度计、色度计或比色计测定油墨的色度特征，并在色度图上标定其色相、彩度和明度。这种方法可以确定其精确的色度特性品质。

生产中实用的方法是：用彩色反射密度计的标准三原色光 R、G、B，测出三原色油墨在具体纸张上达到实际印刷标准墨层密度下的三色光密度。

不同牌号的各色墨，测量出的三色光密度不相同。其中，各色油墨所达到的最高吸收密度 H 也各不相同；同时，各色油墨本色光的反射密度均不为零，一个是较低密度 L，一个是较高密度 M，并且各色墨互不相同。必须通过计算求出三原色油墨各自的颜色三属性特征数据，以供三原色油墨的选配和颜色复制调整。

（1）含灰率。油墨对相反色光的吸收主密度 H，为其呈色的有用密度，而对本色光的吸收密度为零。常用计算公式如式（3.2）所示。

$$灰度 = L/H \times 100\% \tag{3.2}$$

含灰度降低了墨色的彩度与明度，一种油墨，其含灰度虽然不变，但随着墨层密度的增高，其绝对含灰量也就增加。

（2）色相误差。各原色油墨对本色应当表现出相等而又最低的吸收密度，实际则表现出不应有的吸收密度 M 和 L。$M - L$ 表现了色相偏离的程度，而 $H - L$ 表现色相颜色的有用密度，所以：

$$色相误差 = (M-L)/(H-L) \times 100\% \qquad (3.3)$$

（3）呈色效率。各原色油墨对两个本色光谱产生的错误吸收密度 M 和 L。

$$呈色效率 = 1 - [(L+M)/2H] \times 100\% \qquad (3.4)$$

油墨的呈色效率，表现在其混色色相上具有的颜色饱和程度，表达了颜色的混合强度，制约着颜色混合的色彩平衡与灰平衡。任何一色的原色油墨，在一定墨层的色光主密度 H 下，灰密度 L 越低，其色彩越鲜艳；M 与 L 越接近，其色彩越纯正；两者同时都低，其呈色效率高。

任务 4　油墨打样实践

（一）任务解读

正常油墨贮存形成的结皮和在印前或印时出现的起皮，往往给包装印刷企业带来无尽的烦恼，同时也给企业增加了近 1‰ 的生产成本。出现这种故障是因常温氧化、渗透、挥发、蒸发，造成包装印刷油墨在贮存或印刷过程中其表面层与空气接触，植物油的氧化或有机溶剂的挥发导致了油墨体系聚合等作用，形成凝胶——即俗称印刷油墨的结皮。由于结皮后很难复溶，故一般都会倒掉。

我们知道，当印刷油墨浓度增加到一定值时，其表面就会被一层分子所覆盖，这时即使采用补加溶剂或油脂以求降低油墨浓度，但已经结皮（凝胶）的表面上也不可能再容纳更多的分子。这种故障的出现，不仅给印刷带来麻烦，而且造成用料的浪费。据估算：轻者浪费 0.1%，重者浪费将近 1%。这种有形的消耗给包装印刷企业增加了沉重的经济负担。

为了防止此类现象的发生，油墨生产者或印刷操作工通常采用人工搅拌或放置聚乙烯管搅拌和补加防结皮剂等方法进行挽救，其目的无非是将印刷费用降到最小值。下面，我们就采用一定的方法将已经结皮的油墨进行处理，然后再进行上机印刷。

（二）设备、材料及工具准备

IGT 印刷适性仪、刮墨刀、结皮油墨（采用搅拌或者添加防结皮剂的方法处理后）、纸张、清洗剂、抹布，如图 3.30 所示。

（三）实训组织

分组，5 人 1 组，实行组长负责制；每人领取 1 份实训报告，待实训结束时，教师根据学生的操作规范情况及样张效果进行点评；现场按评分标准在报告单上评分。

图 3.30　打样需准备材料

（四）油墨适性调节步骤

1. 打样准备

将油墨、纸张、墨刀、清洗剂、抹布等备齐（见图 3.31），将待印纸张用胶带粘在 IGT 印刷适性仪专用的介质板上面（见图 3.32）。

图 3.31　清洗剂、抹布

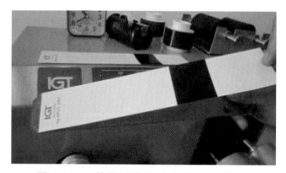

图 3.32　待印纸张固定在专用介质板上

2. 做好必要的清洁整理

在正式上墨之前，需要将设备的关键部件清洁一下，以免设备损坏，或者影响印刷效果。

（1）在准备好的抹布表面，施加适量的清洗剂。

（2）使用带有清洗剂的抹布清洁 IGT/C1 印刷适性仪的两个铝质金属匀墨辊，如图 3.33 所示，确保辊筒上面没有灰尘、或硬质碎屑。

图 3.33　清洁匀墨辊

（3）使用带有清洗剂的抹布清洁橡胶串墨辊，确保其表面无灰尘，或者硬质碎屑，如图3.34所示。

图 3.34 清洁橡胶串墨辊

（4）使用带有清洗剂的抹布清洁 IGT/C1 印刷适性仪的印刷盘，确保其表面无灰尘或硬质碎屑。操作如图 3.35 所示。

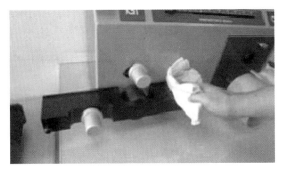

图 3.35 清洁印刷盘

3．取得待印油墨

根据实际情况，使用高精度天平或者专用油墨定量设备（注墨器）取得所需要重量的测试油墨，如图3.36所示。（**注意：**此处以小墨刀＋天平称取为例）

图 3.36 天平称取测试油墨

将清洗干净并充分干燥的小墨刀放入天平承物位置，称量其重量；用小墨刀挑取适量待印油墨，如图 3.37 所示。

图 3.37　小刀取墨

将带有一定量油墨的小墨刀放回天平称量，观察其示数，并根据实际需要调整油墨量，直至达到预设量。

4. 给 IGT/C1 印刷适性仪上墨（见图 3.38、图 3.39）

图 3.38　IGT 上墨

图 3.39　上墨后效果

5. 给 IGT/C1 印刷适性仪匀墨

为了得到良好的印刷油墨样，需要尽可能地将施加到匀墨系统的油墨均匀分布开。IGT/C1 印刷适性仪设有专门的匀墨机构：两个金属匀墨辊，配合一根橡胶窜墨辊，通过高速转动实现匀墨。匀墨机构控制按键位于机身右侧面的左下角，按下该按钮即可启动匀墨系统。

根据初始上墨分布的均匀程度的不同，通常需要经过 30 ~ 50 s 的匀墨时间，所施加的油墨即可被"打匀"。

6. IGT/C1 印刷适性仪转移油墨

待油墨被均匀分布到匀墨系统之后，需要将一定量的油墨转移到 IGT/C1 印刷适性仪的印刷盘上，进而才能印刷油墨样，如图 3.40 所示。

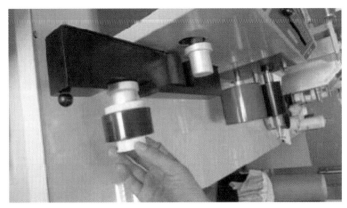

图 3.40 转移油墨

将 IGT/C1 印刷适性仪的印刷盘装配到指定的轴上，使印刷盘与匀墨系统接触，如图 3.41、图 3.42 所示。

图 3.41 安装印刷盘

图 3.42 印刷盘与匀墨系统接触

通过转动装有印刷盘的介质板支撑架，轻轻地将印刷盘与匀墨系统的窜墨辊接触。通常经过约 15 s 时间，就会有足够的油墨被转移到印刷盘上，这时就可以通过转动介质板支架，将其放置到初始水平位置。至此，油墨转移结束，如图 3.43 所示。

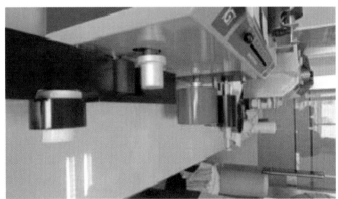

图 3.43 油墨转移结束

7. IGT/C1 印刷适性仪印刷油墨样

整个印刷过程分为 3 个动作：放置待印材料、合压、印刷。

（1）放置待印材料。将准备好的待印纸张，以及完成油墨转移的印刷盘放置在指定位置，如图 3.44 所示。

图 3.44　放置待印材料

（2）执行"合压"动作。在待印材料放置妥当后，可以通过按压位于设备左侧面上左上角的"合压 Down"按键（见图 3.45），实现印刷盘与压印辊的合压，如图 3.46 所示。

图 3.45　合压键设置　　　　　　　　　　　图 3.46　合压

注意：在印刷完成前，请保持合压按键的持续按压，切勿松开！合压前：印刷盘与纸张不接触；合压后：印刷盘与纸张接触在一起，如图 3.47、图 3.48 所示。

图 3.47　合压前状态　　　　　　　　　　　图 3.48　合压后状态

（3）执行印刷动作。在保持合压按键不松开的情况下，按下位于设备右侧面上右上角的"印刷 Print"按键，IGT/C1 印刷适性仪将执行印刷动作，完成油墨样的印刷工作；随后请将印刷完成的油墨样与介质板一起从设备上移除。图 3.49 所示为 IGT 上印刷按键。如图 3.50、图 3.51 所示分别为开始印刷和印刷效果图。

图 3.49 印刷按键

图 3.50 印刷

图 3.51 印后效果

8. IGT/C1 印刷适性仪设备清洗

在完成油墨样印刷之后，有一项很重要的工作要做，那就是设备的清洗。向匀墨系统加入适量的清洗剂，并按下"匀墨 Inker"按键，使匀墨系统运转起来，如图 3.52、图 3.53 所示。用两块干净的抹布分别施压在两个金属匀墨辊上，以擦除剩余油墨。

注意： 做该动作时需要注意避免抹布随辊子转动被卷入匀墨系统。

图 3.52 设备清洗

图 3.53 擦拭墨辊

如图 3.54 所示，使用带有清洗剂的抹布仔细清洗橡胶窜墨辊，确保无油墨残留，否则将会影响后续其他颜色油墨打样。

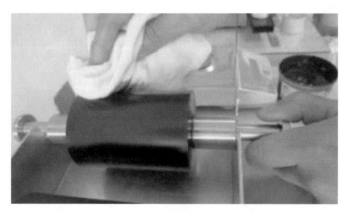

图 3.54 清洗窜墨辊

如图 3.55 所示，使用带有清洗剂的抹布仔细清洗印刷盘，确保无油墨残留，否则将会影响后续颜色油墨打样；然后用带有清洗剂的抹布清洗小墨刀，确保无油墨残留。

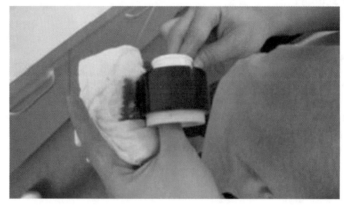

图 3.55 清洗印刷盘

9. 关闭 IGT/C1 印刷适性仪设备电源，整理工作现场

完成本次油墨打样作业之后，请关闭 IGT/C1 印刷适性仪的设备电源，并将工作现场整理干净，将所有工具、材料等回复到指定状态、位置，如图 3.56 所示。

图 3.56　整理工作现场

在实际使用中可能还会遇到这样或那样的问题，应根据油墨的结皮原因（干燥原理）来分析和判断。在选购之前明确自己所需要的油墨产品要求，针对印件的特点选择最适合的油墨产品，印刷环境条件不达标的也要有对应的措施来预防，以减少油墨结皮故障的发生和印刷品废品的产生。

本实训主要完成任务 2 中使用计算机对所配的油墨进行各印刷性能的测定，包括黏度测试、颜色检验、油墨流动性检验、油墨干性检验、油墨稳定性检验、油墨耐性检验、油墨光泽检验、三原色油墨密度检验等。企业使用的油墨大多是由调墨师傅手动调出来的，调墨技术可以说是一种技能与经验的综合，虽然师傅们能够准确地调配出生产所用的墨色，但他们可能并不知道其中的技巧是什么，或者说调墨的工艺只能依靠长年累月的积累沉淀，熟能生巧。而计算机调墨在很大程度上则是依靠了油墨的呈色原理，摆脱了人的主观影响因素，所以对于高校印刷相关专业的学生，使用计算机进行标准油墨样的调配是一个新的技能训练。

【知识拓展】

一、油墨呈色原理

1. 呈色原理

在绘画或印刷中，往往要表现出自然界各种各样的色彩。但是不管是绘画还是印刷，都不可能把我们所能观察到的所有颜色以颜料的形式准备出来，而是选择一部分常用色作为基本的色料储备，其他颜色可以通过用基本色混合的方式得到。尤其在印刷工业中，往往只是用黄色、品红色、青色这 3 种色料的两者或三者以不同比例混合，几乎可以得到所有的颜色，所以把 Y、M、C 这 3 种颜色叫作色料三原色。但是三原色不能由其他的色彩得到。

2. 同色异谱

颜色外貌相同的两种颜色，它们的光谱分布可以相同，也可以不同。这种光谱组成不同，但可以相互匹配的现象叫作同色异谱现象，这样的两种颜色称为同色异谱色。比如在颜色匹配实验中，待测色与三原色的混合色在达到匹配时两者就是同色异谱色。由三原色形成的颜色的光谱组成与被匹配色光的光谱组成不一定是相同的，这种颜色匹配称为"同色异谱"的颜色匹配。

从三刺激值的角度分析，要实现两个颜色的光谱匹配所需的条件：

（1）如果两个颜色具有完全相同的光谱反射（透射）率曲线，称两个颜色为同色同谱。

（2）如果两个颜色具有不同的光谱反射率曲线，但有相同的三刺激值，称两个颜色为同色异谱。

二、人工调墨

调墨是彩色印刷工艺中一项重要工作，直接影响到产品的印刷质量。主要包括以下两层意思：① 调配油墨的印刷适性，即根据印刷工艺的要求、产品质量的要求、承印材料特点、环境要求等，在油墨印刷前通过添加各种辅助剂来调整油墨的相关印刷性能，如干燥性、黏性等，以确保印刷过程中产品质量的稳定性。② 调配专色油墨，即利用色料混合的基本原理，用基本的原色墨（如 C、M、Y、K、W 等基色墨）按照一定的比例混合出产品所需要的专色油墨，用于专色印刷。

1. 调制专色油墨的步骤

图 3.57 所示为调墨的最基本的流程。

（1）由客户提供样张。

（2）调墨师傅根据经验进行调墨。

（3）反复多次后才能调出合适的油墨。

（4）把调好的油墨在印刷机上打样。

（5）如果不合要求，需要重新调配，直至符合样张要求。

基色墨　　　　　添加剂　　　　　连接料　　　　　溶剂　　　　　　油墨

图 3.57　调墨基本流程

2. 调墨的方法

调墨的方法主要有人工调墨和配色系统调墨。

（1）人工调墨可能存在的问题：

① 人工调墨的人为影响因素比较大。

② 重复性和稳定性比较差。

③ 难以合理控制配墨成本。

④ 对同色异谱不能预先判断。

⑤ 对承印物底色对油墨的影响不能解决。

⑥ 由于油墨批次之间差异的影响，油墨配方修正比较麻烦。

⑦ 剩余油墨不能再次利用。

（2）人工调墨的主要操作步骤。

① 基本色油墨的准备，如图 3.58 所示。

图 3.58　基本色油墨

② 基本色油墨量的确定，如图 3.59 所示。

图 3.59　天平称量基本色油墨

③ 加辅助剂，改善油墨的印刷适性，如图 3.60 所示。

图 3.60　添加油墨助剂

④ 对照标样进行调试，直至符合样张要求。

⑤ 制作样张。制作样张主要采用：

a. 刮刀涂布法，如图 3.61 所示。

图 3.61　刮刀涂布样张

b. 墨辊涂布法。

c. 印刷适性涂布法，如图 3.62 所示。

图 3.62　印刷适性仪涂布样张

⑥ 与标样对照，直至符合要求，如图 3.63 所示。

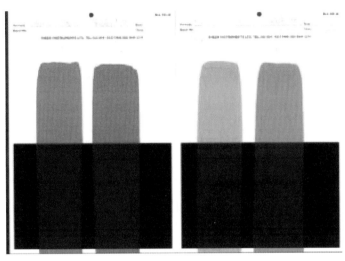

图 3.63 标准样张

3. 调墨原则及技巧

1）掌握三原色变化规律，以便实现准确油墨调配

任何一种颜色都能利用三原色的不同比例混合调成，油墨的色相变化正是利用了这个规律。如三原色油墨等量混合调配后可变成黑色（近似）；三原色油墨等量混调并加入不同比例的白墨，即可配成各种不同色调的浅灰色墨。

若三原色油墨按各种比例混调，即可调配成多种不同色相的间色或复色，但其色相偏向于比例大的原色色相。若两种原色墨等量混调后，可成为标准间色；两种原色墨按不同比例混合调配后，可配成多种不同色相的间色，但其色相趋向于比例大的原色色相。此外，任何颜色的油墨中，加入白墨后其色相就显得更明亮；反之，加入黑色油墨后，其色相就变得深暗。上述用原色油墨调配成各种颜色，正是根据三原色的减色法理论得出的。

2）分析原稿色相，利用补色理论纠正偏色，提高调墨效果

当接到印刷色稿后，首先应对原稿中的各种颜色进行认真的鉴赏和分析，掂量一下所要调的油墨色相的各比例。分析色稿就是要掌握一个基本原则，即三原色是调配任何墨色的基础色。一般来说，应用三原色的变化规律，除金银色彩外，任何复杂的颜色都能调配出来。但是，在工艺实践过程中，仅靠三原色墨调配出无数种的油墨颜色来，还是不够的。因为，实际上制造油墨的颜料不是很标准的，甚至每批出产的油墨在颜色上免不了存有一定程度的差异。

在实际工作中还应采用如中蓝、深蓝、淡蓝、射光蓝、中黄、深黄、淡黄、金红、橘红、深红、淡红、黑、绿色等油墨适量加入，才能达到所需油墨色相。油墨的种类很多，但不管如何，除了三原色墨以外，其他颜色都是用以补充三原色的不足的。任何复杂的颜色，总是在三原色范围内变化，只要掌握好这个原则，调墨也就不成问题了。当色彩分析确定主色和辅色墨及比例后，即可进行调配。但如果调配出的色相有偏差，可用补色理论来纠正其色相。比如说，某色相绿味偏重，可加入少量的红墨来纠正；反之，赤味太重可加蓝墨来纠正。

3）间色和复色的调配

所谓间色，就是由两种原色油墨混合调配而成的。如红加黄后的色相为橙色，黄加蓝可得到绿色，红加蓝可变成紫色。两配，可以调配出许多种的间色。即：原色桃红与黄以 1∶1 混调，可得到大红色；若以 1∶3 混调，可得到深黄色；若以 3∶1 混调，可得到金红色。如果原色黄与蓝等量混调，可得到绿色；若以 3∶1 混调可得到翠绿色；若以 4∶1 混调可得到苹果绿；若以 1∶3 混调可得到墨绿色。若原色桃红与蓝以 1∶3 混合调配，可得到深蓝紫色；若以 3∶1 混调，可得到近似的青莲色。而复色则源于三原色油墨混合调配而成，若它们分别以不同比例混调，可以得到很多种类的复色。如：原色桃红、黄和蓝等量调配，可获得近似黑色；桃红 2 份与黄和蓝各 1 份混合调配，可得到棕红色；桃红 4 份与黄和蓝各 1 份调配，可获得红棕色；若桃红、黄各 1 份，蓝 2 份，可调配出橄榄色；桃红、黄各 1 份，蓝 4 份混合调配，可获得暗绿色等。

4. 调配墨色的操作方法

调配油墨时，要根据原稿分析出的色相，测定宜采用哪几种油墨去调配合适。比如说，要调湖蓝色墨，凭目测加实践经验可调配而成。其中白墨是主色，孔雀蓝是辅色应略加。如要深些可微加品蓝。如要调橄榄黄绿墨色，可确定是以白墨为主，加淡黄和孔雀蓝并略加桃红即可。只要主色确定好了，其他的颜色都是辅助色，应逐渐微量加入搅拌均匀。而后，采用两块纸片（与印刷用纸相同的）中的一块纸面涂上一点所调的油墨，用另一块纸把它对刮至印刷的墨层厚度，即与原稿对比看是否合适。对照样稿时，要对着纸面刮墨样油墨层相对薄与淡的部位，才能看得准确一些。调墨时还要掌握一个原则，即尽量少用不同颜色的油墨，也就是说，能用两种墨调成的，就不要用 3 种油墨去调，以免降低油墨的光泽度。另一方面，刮样的墨色调配要比原色略深一些，这样打印出的色样就能准一些。小样的墨色调准后，即可依据它们各自的用墨比例，进行批量调墨，以确保调墨质量，提高工作效率。

三、计算机配色

1. 配色系统的优点

（1）准确，避免同色异谱。
（2）快速，配色效率高。
（3）经济用墨、降低成本。
（4）余墨利用、减少库存。
（5）实现数据化管理，对人经验依赖少。

2. 配色系统的仪器、材料及其作用

（1）配色软件（Ink Formulation 6.0）、IGT F1/C1/G1 印刷适性仪。
① 建立基础油墨数据库时的样条制作。

② 打印专色油墨样条，用于比对目标专色和配色结果。

③ 打样质量好，重复性好。

④ 对压力、厚度、速度设置。

⑤ 墨层厚度应该尽量接近印刷厚度。

（2）分光光度计（见图 3.64）。

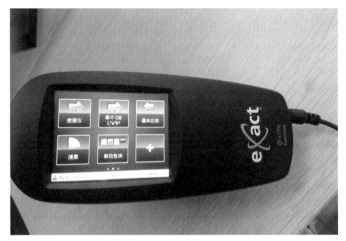

图 3.64　Eyeone 分光光度计

① 目标专色色彩信息。

② 色差比较。

（3）标准多光源灯箱。

① 模拟多种光源环境，供对比色样用。

② 仪器设置（滤镜、光源、视角）。

（4）高精度电子天平。

① 通过校正，精确到三位数。

② 制作基础油墨数据库时，计算上墨量。

③ 检视配色配方时的精确称量。

（5）油墨。

① 选择不同基色墨。

② 包括一种或多种冲淡剂。

③ 至少一种基材。

④ 油墨性能稳定。

（6）承印物（包括卷筒纸、特种纸、复合纸）。

① 质量稳定。

② 基材表面可印刷。

③ 可以测量。

④ 属性类别。

3. 计算机配色基本步骤

（1）建立基础油墨数据库。这是油墨配色的开始，也是油墨配色系统中至关重要的部分。基础油墨数据库的准确性，是整个系统准确性的基础。

（2）计算目标专色配方。用配色软件定义目标色、墨层厚度，选择基材，以及定义色料类型，如图 3.65 ~ 3.68 所示。

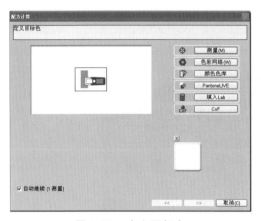

图 3.65　定义目标色

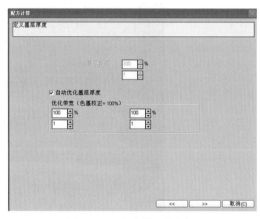

图 3.66　定义墨层厚度

图 3.67　选择基材

图 3.68　定义色料类型

主要有以下步骤：

① 参数设置。

② 测量纸基。

③ 测量调墨油（维利油）。

④ 测量基本油墨：

A. 100%基本油墨。

B. 90%基本油墨 + 10%调墨油。

C. 64%基本油墨 + 36%调墨油。

D. 32%基本油墨 + 68%调墨油。

E. 16%基本油墨 + 84%调墨油。

F. 8%基本油墨 + 92%调墨油。

G. 4%基本油墨 + 96%调墨油。

H. 2%基本油墨 + 98%调墨油。

（3）剩余油墨利用。

（4）避免同色异谱。

（5）测量目标专色。

（6）根据基础油墨数据库进行配色。

（7）IGT 印刷适性仪油墨打样。

（8）比较，判断。

（9）如果不理想，配方优化直至满意。

4．分光光度计操作方法

（1）进行测量。测量样本时，不同的打印标准需要不同的备份材料，某些打印标准需要白色材料，某些打印标准需要黑色材料。确认打印标准所需的基底材料，不要在其他印张或彩色表面上方读取非不透明印张。必须将样本和备份材料一起平放在测量样本上。在薄型基材上，仪器可能会与印张边缘重叠，用拇指和食指握住仪器两侧的黑色区域，色块必须置于目标开口的中心。

（2）基本工具。进行简单的色彩测量（无需与其他样本或打印标准作比较）时，可使用Eyeone 分光光度计中的基本工具。基本工具有：

① 密度仪：向右滑动，会看到工具的所有已配置功能列表，如图 3.69 所示。

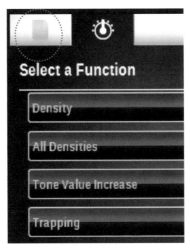

图 3.69　密度仪功能列表

首先，选择密度。将设备放在色块上，然后进行测量。此处将显示色块模拟以及测量时间，如图 3.70 所示。你还可以查看该测量的其他数据，如查看色块的所有密度值，即跳转到功能选择按钮，点击所有密度值。当有"叠印"数据需要测量时，需要测量纸张和 3 个油墨色块，如图 3.71 所示。

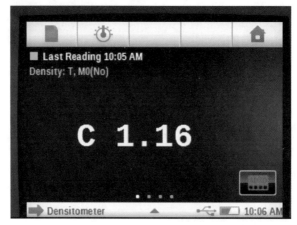

图 3.70　密度仪数据显示

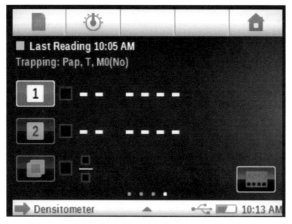

图 3.71　叠印选框

　　其次，选择"叠印"选项。为了测量叠印，需要了解印刷机的油墨顺序。进行的第一个测量是纸张的测量，通过触摸屏幕左上角的"纸张"图标，然后测量印刷纸的无墨水涂染的部分即可。当更换纸张时，只需进行新的测量，然后读取第一种打印色块和第二种打印色块，最后，得到两种色块的套印色块，如图 3.72 所示。

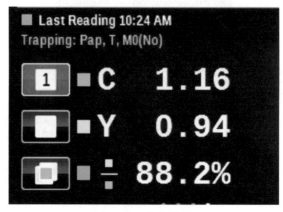

图 3.72　叠印数据

② 比较工具。用于进行快速测量，从而对标准和样本印刷纸进行比较。触摸比较工具，如果存在试图配色的打印标准，可直接测量样本。点击"测量标准"图标，测量完成后，ecact 将自动返回至测量屏幕，还可以在 exact 的色库中存储色彩标准。点击右边第一图标，可以查看当前使用的标准，或者从已存储的色库中选择新标准。也可以通过点击扇形图标，查看其他的色库。

如果有要测量的样本，exact 还可以提供在色库中查找数据的快捷方式，在此模式下可以测量样本。样本将提供色差在 0.30 范围内的色块，这个视图模式，叫作 DeltaE 视图。选择"经典视图"或"DeltaE 视图"，若不决定更改色库，可返回。

注意： 下面的…代表色彩的其他数据，所以还可以查看色彩的容差等数据。

作为选择色彩的替代方法，也可以用"更改标准"按钮（右边第二个按钮），这是直接选择与上次测量的样本相接近色彩的快捷方式。若最近没有测量颜色，则需要先测量纸张数据，点击"功能"图标，选择需要使用的功能，然后测量样本。此时将在左上角看到标准模拟，当前样本测量以及当前测量时间，如图 3.73 所示。

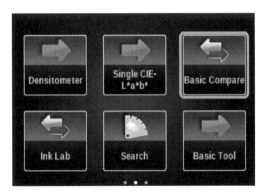

图 3.73　比较工具

测量数据 L、a、b 值显示了样本与参考数据之间的差异，如果该数据包包含容差数据，而且已经启用"合格/失败"功能，将出现如图 3.74 所示现象。有时候，还可能需要测算出平均值，设置"基本比较"工具完成，点击页面底部箭头，选择"设置"，向下滚动"平均测量"按钮，选择需要的平均读数次数，返回。现在当测量样本时，屏幕会提示进行其他的测量以得出平均值。若选择平均较少的测量，可点击"完成"按钮，如图 3.75、图 3.76 所示。

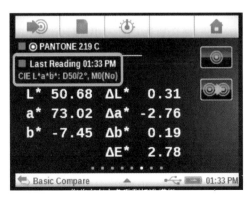

图 3.74　新标准

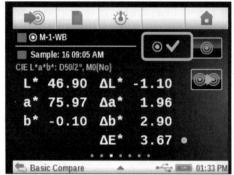

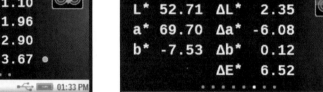

图 3.75　合格功能界面　　　　　　　　图 3.76　平均次数较少

③ 自动色块工具。主要是对 C、M、Y、K4 种颜色处理工作进行快速测量，无需比较打印标准。由于没有任何标准，故不会提供任何合格/失败或差值。自动色块可识别：4 种纯色，C、M、Y、K；套印，C + Y，C + M，M + Y；每种纯色 1~3 个色调色块至 3 个灰平衡色块，点击进入"自动色块"界面，如图 3.77 所示。必须先测量纸张，得到纸张的 L、a、b 值，下一步，测量 4 种印刷色，从 C 开始，可得到 C 的密度值，测量后，可在屏幕底部看到两个或多个点，即可以查看色块的其他色值。继续测量其他数据，并在 L、a、b 功能中查看，exact 根据纸张和纯色色块测量识别色块。

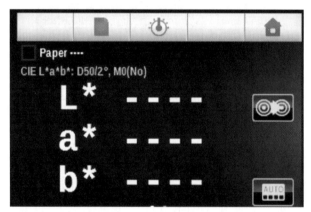

图 3.77　自动色块

④ 工作工具。只有 exact 标准设备和 exact 高级设备才可使用"工作工具"，它不只是测量样本，还要求使用"工作模板"定义所需的所有色彩标准、容差和测量参数，以便传回合格\失败结果。这些可以为特定的工作流程创建行业标准或自定义标准。exact 磁盘中包含几个预制的"工作模板"，若仪器没有安装模板，务必查看 exact manager 教程安装模板。

除了"工作工具"之外，还有 3 个特定的行业标准工具，即 G7 工具、PSO 工具和日本色彩工具。每种工具都有不同的纸张 QC、灰平衡 QC 和预配置的 TVI 表格功能和设置，以便符合这些印刷环境。

使用模板的"工作工具"，包括行业印刷标准目标。使用 G7 工具，选择现有工作的名称或创建一个新名称。创建一个新名称，名称可以为任何内容，如客户工作编号或客户名称，如图 3.78 所示。

图 3.78　创建新用户界面

exact 中最多可存储 100 个唯一工作名称，并可使用 exact manager 软件对其进行管理和删除。点击工作名称进行选择，"工作工具"均基于工作模板，工作模板包括与指定容差一起出现的生产目标值，只有具备 G7 生产所需的所有目标和容差的工作模板才会在 G7 工具中列出。在"工作工具"中测量色块时，exact 将自动识别色块类型并显示合适的功能。

启动一个会话时，首先测量纸张，然后测量实地油墨，可以看到纸张的 L、a、b 和 deltaE，这是在对纸张测量与存储于模板中的目标值进行比较。图 3.79 所示为纸张测量值。

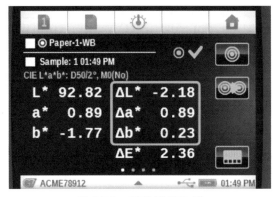

图 3.79　纸张测量数据

ΔL、Δa、Δb 显示了亮度中的色彩与 L、a、b 色彩中的差异程度。

比如：需要读取 C 色，当使用 G7 工具测量实地油墨时，默认情况下，会看到"最佳配色功能"，如图 3.80 所示。

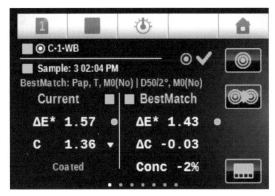

图 3.80　最佳匹配

在顶部看到的是最接近色块测量值的目标值。目标值是工作模板的一部分，而色块名称是用白色衬板测量的一级纸张上 C 色油墨用工作模板中使用的色块名称。

⑤ Bestmatch。仅用于标准版和高级版。可确定是否能通过调整印刷机油墨实现与标准色彩更为接近的配色，如图 3.81 所示。

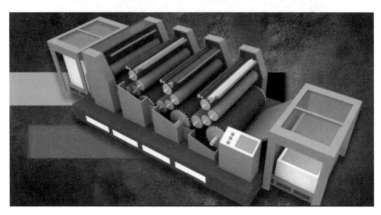

图 3.81　印刷机调整示意图

例如你的标准色是 G 色，如图 3.79 所示，位于 CIELAB 色彩空间处，但样品测量却在此处，Bestmatch 会计算出通过调整油墨可能实现的最佳配色点。Bestmatch 功能在"比较、搜索"作业工具内，若没有启动 Bestmatch，轻触屏幕底部箭头，选择激活功能。使用 Bestmatch 之前还需要选择所需要的基础类型，因此必须返回上一个屏幕，选择"设置"，向下滚动至功能设置，再选择 Bestmatch。选项包括有涂层和无涂层，选择后，返回"比较工具"，然后滑动屏幕以显示 Bestmatch 窗口。首先选择右下角的"自动色彩"按钮，若测量是套印色，选择自动，若是专色，选择"专色"，点击测量纸张图标；其次测量一下基材，轻触测量标准图标测量色彩标准，这是用于比较的色彩，就是 Bestmatch，也可以轻触"标准"图标，在加载的色库中选择"标准"；最后测量要进行比较的样本，在屏幕左侧可以看到当前结果，包括样本和标准之间的差异（见图 3.82）以及测量的实地油墨值（见图 3.83），还会看到有涂层和无涂层。左边代表所建议调整后的估计色差，下一个值是为了实现 Bestmatch 而需要按建议对密度进行的正负调整，这个值对于需要根据厚度调整油墨的平板印刷机有用，最后是调整浓度正或负值，用于柔版或凹版印刷的印刷机。

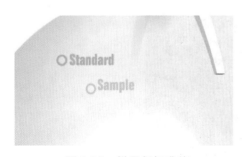

图 3.82　样品与标准值

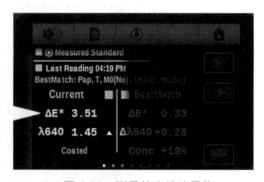

图 3.83　测量的实地油墨值

【练习与测试】

一、简答题

1. 润版液用量与油墨性质、图文载墨量、纸张性质、环境温度各成什么关系?
2. 怎样判断胶印中的水量过大?
3. 色料三原色互相混配的基本规律是什么?
4. 保管印刷油墨应注意哪些事项?
5. 保持水墨平衡的条件是什么?

二、能力训练题

在 PANTONE 色卡中任意选择一个专色,使用人工配色和软件配色两种方法制备标准色,并比较两种方法制备的油墨的印刷性能。

项目四　油墨适性调节

【背　景】

　　不管使用什么样的印刷方式印刷，在印刷的过程中，对油墨适性进行调节是不可避免的。印刷适性的协调不仅牵扯到纸张、机械设备、人员水平，还有一个非常重要的因素就是油墨。它是最终印品的呈色物质，能否清晰准确地黏附在承印材料上是决定印刷质量的最关键因素。而对于油墨调节来说，油墨结皮的现象不可避免，下面我们用具体的工艺实践就结皮的处理方法及其回收工艺进行探讨。工艺过程包括图文信息的制作过程、油墨的回收方法以及常见油墨结皮处理，在该项目实施过程中完整涵盖了印前专色油墨的设计调节、印刷时油墨的结皮处理调节以及印后余墨的回收调节。

【能力训练】

任务1　图文信息的制作

（一）任务解读

　　人们随着对消费品和礼品需求档次的逐步提高，也就促进了商品包装装潢设计和商品包装印刷行业的大力发展。因此，作为未来将从事印刷或包装行业的学生来说，认识包装类原稿、正确处理原稿，怎样才会使商品包装的印刷质量符合客户要求，因而就变得越来越重要。对于原稿的认识障碍主要表现在：

　　（1）同一批次或不同批次出现颜色的不一致。

　　（2）印刷品颜色与实物颜色差距较大。

　　（3）层次不丰富，质感不明显。

　　在制作包装盒的过程中，有些要点容易忽视，从而导致印刷及印后工艺过程的不合理。如反白文字的问题、文字色彩的选择、文字或图像的陷印、专色的使用、分图层的预览等。在进行版式设计时，版面文字要求清晰明快，方便阅读，处理的技巧是把文字与底色的色彩明度差距尽可能拉大。大多数是使用反白文字，但是反白文字印刷后会出现笔画不完整，空白处渗入了油墨，字迹很难辨认，大多数人都认为是印刷问题，实际是设计人员不了解印刷工艺造成的后果。

另外，受到印刷工艺的限制，纸张在印刷时会出现一定程度的变形，文字或图像在彩色背景上套印时就可能出现"露白"现象，这个现象也是在版式设计时可以弥补或避免的。

（二）软件、材料及设备

软件：CoreldRAW、Photoshop、CAD 等。
材料：打样纸。
设备：打样机。

（三）课堂组织

分组，5 人 1 组，实行组长负责制；每人领取 1 份实训报告，包装盒制作结束时，教师根据学生制作的成品预览效果进行点评；现场按评分标准在报告单上评分。

（四）制作步骤

（1）首先，熟练掌握反白文字、图文陷印及处理、出血、注册色等的用途及操作方法。
（2）使用 CoreldRAW 软件制作一款包装盒。
（3）使用纸盒打样机打印样盒。
（4）借助 Epson 喷墨打印机，打印样盒，观察色彩。

本次任务主要是从一种简单包装盒入手，使用 CoreldRAW 或者 Photoshop 软件进行图文信息的输入。包装盒是最常见的一种包装容器，如牙膏盒、化妆品盒、食品盒等都能够在实际生活中见到，并在得知其尺寸以后可以自行创意设计。图 4.1 所示为制作后的效果图。

图 4.1　包装盒效果图

印前制作过程（以 CoreldRAW 软件为例）：

1）新建文件

页面大小为 A3（420 mm × 297 mm），页面方向为横向。务必设置"视图-贴齐对象"命令，使用矩形工具绘制如图 4.2 所示的结构图。

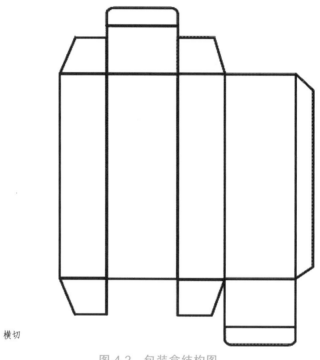

横切

图 4.2　包装盒结构图

注意：

（1）结构图中梯形部分（标注为 A）的制作可使用以下方法：选中所绘制的矩形，执行排列-转换为曲线，此时矩形变为可编辑的线条，使用形状工具，拖动矩形左上角的节点进行变形。

（2）包装盒的盖子部分（见图 4.2B）的制作可参考下面的方法：如图 4.3、图 4.4 所示，挑选工具选中矩形，将属性栏中角度变换框中的左上角和右上角输入框中，输入圆角角度，本例为 30°。

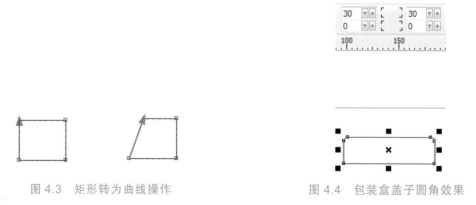

图 4.3　矩形转为曲线操作　　　　　　　　图 4.4　包装盒盖子圆角效果

2）包装盒四色设计

执行窗口-泊坞窗，勾选对象管理器，则出现各图层内容，新建图层2，后可将图层2命名为四色图层，因此，所有的四色装饰效果图文都在该图层，如图4.5所示。绘制相应的矩形，填充相应实地色或渐变色，要求所有的矩形框均只有填充效果，故选中所有矩形，使用鼠标右键去除描边。最后，输入C、M、Y、K四色色版标记。

注意：

（1）在四色装饰效果制作过程中出血的设置，本例为3 mm，其大小也可以根据工单或客户要求设定。

（2）输入的四色标记必须使用相应的原色色值填充，如C（100，0，0，0）、M（0，100，0，0）、Y（0，0，100，0）、K（0，0，0，100），以此来保证后续的分色预览中，各元素的位置恰当，分色效果合理。

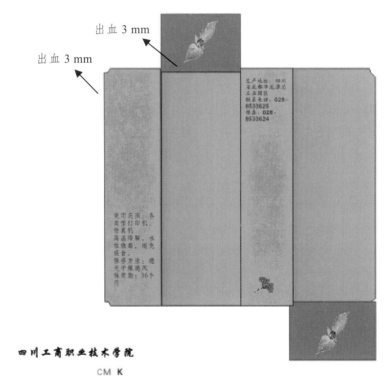

图4.5　四色图层效果

3）烫金元素设计

再次新建图层，并将图层的名称改为烫金，将需要进行烫金处理的包装盒元素在该图层绘制，本例烫金元素为学院logo及"华星"文字。将预先使用CoreldRAW软件设计好的Logo复制到烫金图层，并输入"华星""烫金"等文字，其效果如图4.6所示。同时，将Logo、"华星"，以及"烫金"等图文信息，使用专色进行填充，并在选中对象后，使用右键勾选"叠印填充"。

華星 華星

烫金

图 4.6　烫金图层

4）局部 UV 元素设计

再次新建图层，将图层的名称改为局部 UV，将需要进行上光处理的元素置入局部 UV 图层，本例为"学院全称"及"环保油墨""局部 UV"等文字，如图 4.7 所示。同样，选中需 UV 处理的所有元素，给予相同专色的填充，并勾选"叠印填充"设置。

图 4.7　局部 UV 图层

5）模切元素设计

图 4.2 所示的包装盒结构图即为在模切图层应该看到的图层元素，包含模切结构的线条以及"模切"文字。然后，选中所有处在模切图层的元素，填充一种专色，设置叠印填充。

6）文档预览

执行"文件-打印预览"设置，查看分色后各图层的内容是否完整，如四色图层中是否只有需要进行四色印刷的元素，烫金图层中只有烫金元素，而 UV 图层中也只有相应的元素。

如图 4.8 所示，木实例共有 7 个分色色版，分别为 C 版、M 版、Y 版、K 版、烫金版、局部 UV 版、模切版。

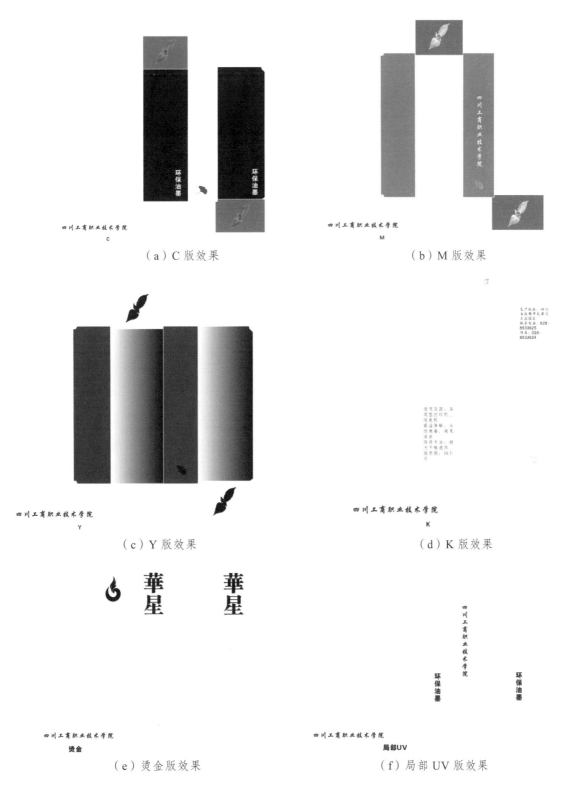

（a）C 版效果　　　　　　　　　　　　　（b）M 版效果

（c）Y 版效果　　　　　　　　　　　　　（d）K 版效果

（e）烫金版效果　　　　　　　　　　　　（f）局部 UV 版效果

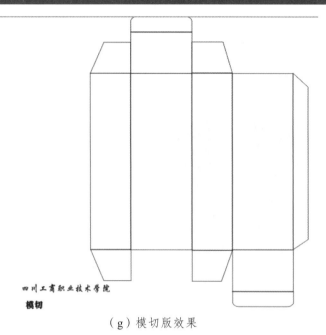

四川工商职业技术学院
模切

（g）模切版效果

图 4.8　各图层分色版预览效果

任务 2　油墨回收利用

（一）任务解读

随着社会的发展，印刷行业不断进步，其清洗印刷机的废液和废墨不断增加，每年由油墨引起的全球污染排放量已达几十万吨，对环境的污染越来越严重，目前国内还没有好的处理方法。大多采取焚烧和掩埋，对环境造成极大的污染。

本实验方法是基于对清洗废液和废墨的再生处理与利用，既可减少对环境的污染，又可废物利用。即将废墨调成黑色油墨，用于产品的印刷。

在印刷厂收集废弃的油墨，其外观（胶印废弃油墨）：有大量的油墨皮和块状物、颗粒较粗，里面含有大量的清洗剂（有机溶剂）和部分的水（润版液），而且油墨产生了严重乳化。

（二）设备、材料及工具准备

三颈瓶、水浴锅、冷凝管、轧墨机、搅拌器、无水乙醇、补色剂、密度计。

（三）课堂组织

分组，5 人 1 组，实行组长负责制；每人领取 1 份实训报告，进入实验室之前，务必穿好实验服，熟悉化学药品、化学仪器的使用规范，注意自身安全；实验结束时，教师根据学生实验操作规范程度及油墨回收质量进行点评；现场按评分标准在报告单上评分。

（四）实验过程

收集废弃油墨，先去除油墨中较大的块状物和油墨皮。由于油墨的颗粒较粗，采取两种方法进行处理：① 使用轧墨机对油墨进行处理，利用轧墨机的压力和存在的速差，对油墨有挤压和研磨的作用，对油墨进行反复碾扎处理；② 在共沸蒸馏处理中，利用加入无水乙醇溶剂及搅拌器进行搅拌，使油墨的颗粒变细。

1. 共沸蒸馏法

该方法是一种使用与水共沸的共沸剂（如：无水乙醇），将试样中含有水和有机溶剂混合物进行蒸馏的方法。此方法可以将试样中的水和部分有机溶剂蒸馏分离为单独组分。

其方法包含下列步骤：

（1）在有比大气压更高的压力和有共沸剂存在的条件下，将待蒸馏的含有水和有机溶剂的混合物进行蒸馏，从而将混合物分离成含有机溶剂回收馏分和含有水的馏出物馏分。

（2）冷凝。可得到两种物质，一种是塔顶馏出物，塔顶馏出物里主要是有机溶剂，可将馏出物回收、分离或利用；另外一种为塔底馏出物，主要是水分，最后去除水分馏出物。图4.9 所示为蒸馏小试装置。

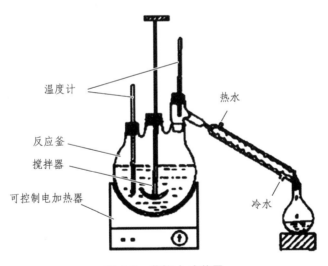

图 4.9　蒸馏小试装置

2. 共沸蒸馏的步骤

（1）将试样里的结块和油墨皮去除后，取 200 g 废油墨样品加入反应釜中，再加入无水乙醇 100 mL。

（2）安装好仪器，接口处用胶带和绝缘硅胶密封，以防漏气。

（3）打开加热搅拌器，控制转速 60 r/min，温度 75～95℃，蒸馏。

（4）待无明显水分馏出时，蒸馏结束。

（五）实验的结果与分析

1. 溜出物结果分析

废油墨中含有一定的水和一定量的有机溶剂，通过加入无水乙醇，让水和乙醇形成共沸物。如图 4.10 所示，在 78.2 ℃，水和乙醇形成共沸物，加热蒸馏，水-乙醇共沸物被蒸馏出来，从而除去水分和部分有机溶剂，有利于废油墨的调配。

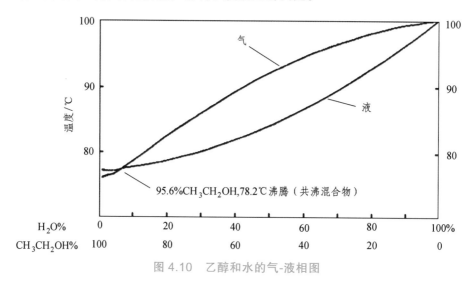

图 4.10　乙醇和水的气-液相图

蒸馏完毕，冷却，最后试样的质量大约 150 g，水分馏出物约 10 g，有机溶剂馏出物约 40 g。通过试验，最后蒸馏出的水量占总量的 5% ~ 6%，蒸馏出的有机溶剂约占 20%。

2. 蒸馏后的试样测试及分析

蒸馏完毕，取下试样冷却，此时试样大约有 150 g 重。

制作样张后，用密度计测定油墨密度，分别用 R，G，B 滤色片测定，密度分别为 0.39，0.94，0.95。

从所测数据来看，油墨呈现中性灰偏红，而且密度不够，所以不能用于印刷。

3. 对试样调色处理后的结果与分析

由于蒸馏后的试样偏红色，且密度不足，所以需要纠正油墨的色偏及增加油墨的密度。按照补色原理，在试样中应加入炭黑（增加密度）及蓝紫色颜料（纠正色偏）。经过多次测试，最后加了约 10 g 的碳黑、3 g 的酞青蓝及 2.5 g 射光蓝膏，加约 10 mL 的干燥剂，在轧墨机里，反复进行碾轧，最后加入调墨油调制均匀。

将调制均匀的油墨制作样张，并将其与用标样黑墨制作的样张在密度方面进行对比，将试样样张和标样样张的外观进行比较，如图 4.11 所示。用密度计测定 100% 实地样张密度，与标准黑墨的密度进行对照（在同样的纸张和相同的墨层厚度的条件下测试），结果如表 4.1 所示。

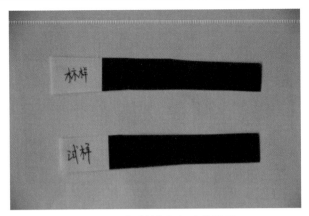

图 4.11　标样样张和试样样张

表 4.1　标准黑墨与试样黑墨的密度对比

密　度	滤色片		
	R	G	B
标准黑墨密度	1.23	1.31	1.35
试样黑墨密度	1.17	1.20	1.23

从上面标准黑墨和调试后的黑墨试样的密度对照试验数据来看，通过蒸馏和补色，调试后试样的密度基本和标准黑墨的密度相近，能够满足实际印刷时黑墨实地密度的要求。

4. 试样黑墨的印刷性能测定

（1）色差测定。

检测标准黑墨及试样黑墨在色彩之间的差别，使用 X-Rite 色差分析仪——色差计，测定自然光下 100%实地的两种黑墨在同种纸张上印刷的标记之间的色差。可得到标准黑墨和试样黑墨的 L、a、b 值分别为 L_1、a_1、b_1 和 L_2、a_2、b_2，计算相应的ΔL、Δa、Δb 的值，进而得出色差ΔE。其中 L 代表明度，a、b 代表色度，ΔL 表示明度的差值，Δa、Δb 代表色度的差值。ΔL 为正值说明颜色偏浅，为负值颜色偏深；Δa 为正值颜色偏红，为负值颜色偏绿；Δb 为正值代表颜色偏黄，为负值颜色偏蓝。ΔE 表示色差值，ΔE 越小，色差越小，颜色越是接近；反之色差越大，颜色越偏离。其中油墨颜色在 L、a、b 空间中符合下列算法公式（4.1）。

$$\Delta L = L_2 - L_1$$
$$\Delta a = a_2 - a_1$$
$$\Delta b = b_2 - b_1$$
$$\Delta E = [(\Delta L)^2 + (\Delta a)^2 + (\Delta b)^2]^{1/2} \tag{4.1}$$

根据所得结果和在印刷时色差对人眼刺激而导致的感性认识之间的关系，可以得出两种油墨在印刷过程中适用性。色差与人眼的感觉之间的关系见表 4.2。

表 4.2　色差的感性认识

色差 ΔE	人眼的感觉
小于 0.1	不可分辨
0.1 ~ 0.2	专家可分辨
0.2 ~ 0.4	一般人可分辨
0.4 ~ 0.8	一些部位严格控制的色彩范围
0.8 ~ 1.5	常用控制色差范围
1.5 ~ 3.0	分开似乎是相同颜色
大于 3.0	明显色差
大于 12	不同颜色名称

（2）颜色检验。

① 将试样黑墨与标样黑墨以并列刮样方法进行对比,检测试样油墨是否符合标准墨的质量标准。

② 将试样与标样用玻璃棒调匀, 然后取标样少许, 滴于垫好橡皮垫并已经将上端固定好了的 LDPE 薄膜的左上方, 再次取试样少量滴于右上方, 两者相邻但不相连。

③ 用丝棒自上而下用力将墨在 LDPE 膜上刮成薄层。

④ 效果检视：检视时涂布有墨量的 LDPE 膜的下方需衬有 150 g/m² 的铜版纸。

⑤ 检验试样与标样的面色是否一致。

⑥ 若试样与标样面色有明显差别, 可将试样重复多次在相同位置刮样, 直到两者颜色感觉一致。记下对试样进行刮涂的次数。

（3）细度的测定。

细度是指油墨中颜料、填料等固体粉末在连接料中分散的程度, 又称为散度, 它表明了油墨中固体颗粒的大小及颗粒在连接料中分布的均匀程度, 单位为μm。油墨的细度好, 说明固体粒子细微, 油墨中固体粒子分布均匀。细度的检测使用刮板细度仪测定。

① 将刮板细度仪及刮刀擦拭干净, 并使用玻璃棒将受试墨调匀。

② 用玻璃棒取少量油墨, 置入刮板细度仪 50 μm 处, 油墨量以能充满沟槽而略有多余为宜。

③ 双手持刮刀, 将刮刀垂直横竖在磨光平板上端, 在 3 s 内将刮刀由沟槽深的部位向浅的部位拉, 使墨样充满沟槽, 而平板上不留余墨。刮刀拉过后, 立即观察沟槽中颗粒集中点（不超过 10 个颗粒）, 记下读数。

④ 观察时视线应与沟槽呈 15° ~ 30°角, 并在 5 s 内迅速准确读出集中点数。读数时应精确到最小刻度值。

⑤ 为得到更加精确的检测结果, 检测应平行进行 3 次, 结果取两次相近读数的算术平均数, 两次误差不应大于仪器的最小刻度值。

5　试样黑墨印刷性能的测定结果与分析

（1）色差的测定结果与分析。

在同样的纸张和相同的墨层厚度的条件下测试，所得结果如表 4.3 所示。

表 4.3　标准黑墨与试样黑墨的色差ΔE

油　墨	颜色值					
	L	a	b	ΔL	Δa	Δb
标准黑墨	20.22	2.52	6.57	3.38	− 0.04	0.39
试样黑墨	23.16	2.48	6.96			
ΔE	2.97					

表 4.3 中的ΔL 为正值，表明试样黑墨较标准油墨颜色浅，这可能是由于试样油墨在回收之前已被严重乳化所致，油墨乳化严重，则其分散性较差，而导致油墨饱和度的降低。而Δa为负值，则说明试样黑墨经色偏校正以后偏红现象有所缓解，两种黑墨的色差值ΔE 为 2.97，而由表 4.2 所述数据可知，两种黑墨分开印刷时可具有相同颜色感觉，故所配制的再生油墨完全可用于一般单黑产品的印刷。

在实际的油墨处理过程中，由于收集处理的油墨不一样，颜色也不同，所以在调色处理过程中所加补色剂的种类和量的多少不一样，应按照补色基本原理，通过实际操作，调整补色剂的种类和数量，使其颜色和密度与标准色一致，以满足印刷的要求。

（2）颜色检验结果与分析。

通过刮样测定，颜色测定结果如表 4.4 所示。

表 4.4　颜色测定结果

颜色测定	标样	试样一次涂布	试样二次涂布	试样三次涂布	试样四次涂布	试样五次涂布
与标样比（%）	100	85	90	95	96	96

由表 4.4 可知，经过一次涂布的试样黑墨与标样相比，颜色差距较大，这可能是由于油墨乳化的原因，乳化后的油墨颜料粒子的分散性较差，色彩较为浑浊，与标样的色相差别明显。随着涂布次数的增多，试样黑墨与标样黑墨之间的颜色差别逐渐减小。由表中还可以得出，当试样油墨的涂布次数为 4 次时，与标样相比得到的结果为 96，而随着涂布次数的继续增加，与标样差别不再减小。故可知，经严重乳化的油墨难以达到与标准油墨精确一致的颜色感觉。

（3）细度的测定结果与分析。

使用刮板细度仪对油墨细度进行测定，取相近结果的平均数作为油墨的细度值。3 次测定结果如表 4.5 所示。

表 4.5　油墨细度测定结果

细度测定实验	标样细度	试样第一次测定	试样第二次测定	试样第三次测定
测定结果	16	20	22	19
细度值（μm）	16	18.5		

由表 4.5 可知，试样的细度比标样的细度稍大，可能是油墨被乳化的原因。油墨的细度关系到油墨的流变性、流动度及稳定性等印刷适性，油墨的细度差，颗粒粗，在印刷中会引起堆版现象，而且由于颜料的分散性不均匀，油墨颜色的强度不能得到充分发挥，故而影响油墨的着色力及干燥后墨膜的光亮程度。

在印刷材料不断涨价的情况下，油量回收可更有效节约有限资源，降低生产成本，起到废物利用、保护环境、加强企业竞争能力的作用。

【知识拓展】

一、反白文字问题

反白文字对于大多数的平面设计人员来说都是喜欢使用的文字效果，但印刷后的视觉感受却不尽如人意。如图 4.12 所示的反白文字字迹模糊不清。

图 4.12　反白文字效果（字迹模糊不清）

出现反白文字不如意问题，是由于受到印刷工艺的限制，设计人员必须了解这些限制，才能有效地规避印刷效果不如意的问题，具体总结如下：

（1）高速印刷时，印刷压力较大，底色面积大，供墨量也较大，加上油墨的流动性，空白区域的反白文字粘到油墨的可能性也大，图文区域的油墨会扩张到空白区域，使得空白区域上墨。

（2）纸张的拉伸变形、印版位置、套印误差的问题，一定会导致四色无法正确套准，因此会出现字迹的模糊不清。

上述原因都是在现代高速印刷中难以避免的，故在印前设计时应通过一定的手段加以注意。可以使用以下的方法：

（1）反白文字尽量采用粗字体，这样空白区域的面积就会增大。

（2）底色尽量采用专色印刷，可以有效防止因为套印误差带来的字迹不清晰问题。

（3）若对反白文字要求较高时，可以采用印刷银色或烫印银色的方法解决，但是这样会相应增加成本。

二、文字或图像的陷印

为了避免因承印材料的变形或材料相对位移给印刷质量带来的影响，人们寻求在各种对象的搭接处施加陷印控制（也称为补漏白）来解决这一问题。在印前制作时利用电脑软件做适当处理，调整各色块的叠印范围，从而避免出现漏白边现象，在印刷上把这种工艺叫作陷印工艺。如图 4.13 所示，在绿色背景上画了一个橙色的标志，可是印刷后却变成透明的了。在图中可以看到陷印在印品中的作用。

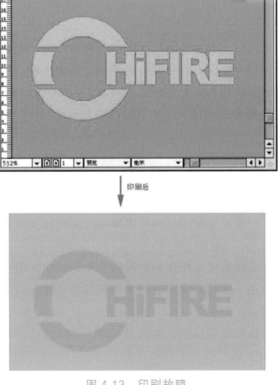

图 4.13　印刷故障

很多人不明白这是什么现象,客户更没有办法接受这个事实,总是认为印刷厂没有印好,套印不准。下面我们从图 4.14 所示的印刷色序和上墨工艺方面进行分析。

如图 4.14 所示,我们想得到青色矩形上的黄色五边形效果,首先确定了印刷色序(第一色为 C,第二色为 Y),而在印刷后却发现我们得到了青色矩形上的蓝色五边形,这是由于在设计制作过程中进行了叠印填充设置,即在青色的底色上面叠印了 Y 色,根据色料的呈色规律 C + Y = B,因此才有这样的效果。而通过图 4.14 中的下面一行示例,我们可以看到,要想得到青色底色上的黄色图文,就必须采用套印工艺,即在第一色印刷时要注意镂空处理,以便黄色图文能够镶嵌其中。

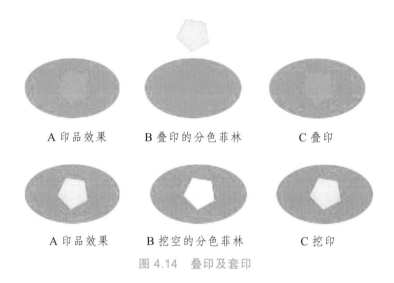

图 4.14　叠印及套印

而如此处理过程中,又会出现新的问题。那就是如果没有套印准确,黄色的图文由于纸张或印刷设备的小小的偏移,并没有恰如其分地镶嵌,就会出现"露白"现象。因此,作为设计人员必须时刻注意陷印(即补露白)的处理规则。

如图 4.14 所示,想得到青色的背景上有黄色色块的效果,在印前制作的时候如果不进行挖空处理,则会出现图 4.14 中上排所示的印品效果,黄与青色的叠印,即 Y + C = G。因此,必须进行挖空处理,但在挖空处理时,必然会出现套印不准的印刷故障,从而导致"露白"现象。

青色为第一次印刷的图文部分,后续印刷的是 M 色,青色矩形镂空与品色椭圆大小完全相同。若纸张没有变形,印版定位准确,则后续印刷的品色图文应该正好镶嵌在里面,如图 4.15 所示。

印刷中由于印刷压力、润版液、橡皮布的弹性变形等因素,造成纸张在印刷过程中的变形。变形以纸张的伸长为主,伸长方向沿着叼口拖梢的纸张方向为扇形,纸张伸长变形大多是在第一色印刷后最为明显。

第一个蓝色图文印刷在纸张上以后,纸张因受潮、受压发生伸长,使中间的镂空也产生了纵向伸长,而后续印刷的 M 色图文依然被定位套印在白色镂空处。由于镂空处扩大了,品色图文印刷后就在拖梢方向露出了白边,称为"露白",如图 4.16 所示。想通过调节印刷设各或者调节印版来校正"露白"是行不通的，因为品色的图文的印版偏向拖梢，在叼口就会出现露白，同时会影响其他颜色的套印。

图 4.15　陷印处理后

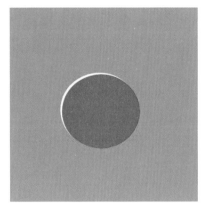

图 4.16　未做陷印

因此，消除"露白"的方法只有在设计制作过程中进行处理。主要的方法有两种，分别为外扩处理和内缩处理。外扩是指前景对象尺寸扩大，背景对象不变；而内缩则是前景对象尺寸不变，背景对象扩大，如图 4.17 所示。

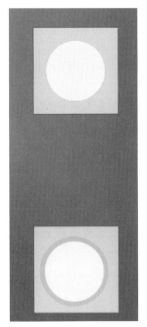

（a）外扩效果

（b）内缩效果

图 4.17　外扩和内缩

图 4.17 中（a）图为外扩效果，即先印刷青色矩形图文，再印刷黄色正圆。而对黄色正圆的处理则是将其扩展一定的区域，这样印刷以后，便弥补了露白出现的可能性。而（b）图则是通过对青色镂空区域的缩小来填补由于套印不准带来的故障。我们把图 4.18 所示的重叠区域称为陷印宽度。

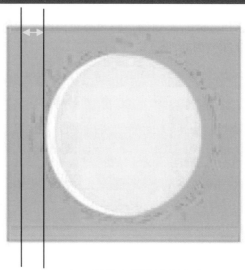

图 4.18　重叠色带及陷印宽度

　　黄色的外扩或者青色的内缩均会导致颜色相互叠加。如黄色外扩之后，与青色重叠形成绿色；同样，青色的内缩也将在中心位置形成一条较窄的色带，我们把这条色带叫作重叠色带。而在陷印处理过程中，我们一般也将此重叠色带的宽度作为陷印宽度进行设计制作。

　　那么如何确定套印过程中，由哪种油墨颜色进行外扩和内缩呢？建议采取以下操作：

　　（1）所有颜色向黑色扩展。

　　（2）亮色向暗色扩展。

　　（3）黄色向青色、品红色和黑色扩展。

　　（4）青色和品红色彼此等量扩展。

　　注意：原色亮度的排列由深到浅为 M、C、Y，即品红填充与青色填充相邻时是青色向品红色扩展，而这与按 K、C、M、Y 印刷色序排列时的陷印方法刚好相反。

　　（5）文字陷印。通常情况下，应避免对小文字下面压盖的要素使用镂空方式印刷，因为套版误差会造成文字边缘漏白。虽然用陷印的方法可以弥补，但小文字上的陷印也同样导致文字难以阅读。如图 4.19 所示，如果采用套印的方式对小文字进行操作，则会出现漏白边现象，所以小文字、细字体最好采用叠印的方式进行印前设计处理。图 4.20 所示为四色印刷品中对文字进行不同处理方式的效果图。可见，下排的文字由于没有在软件中进行叠印处理，而出现了字迹模糊现象。

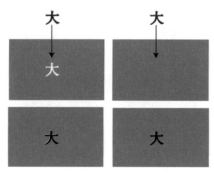

图 4.19　文字陷印处理

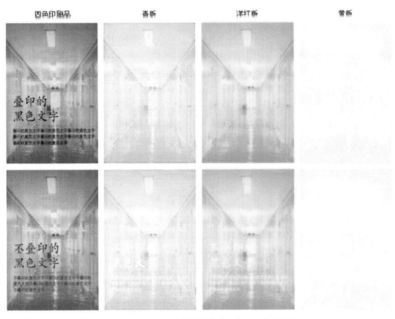

图 4.20　文字的叠印与套印对比图

常用的陷印处理方法：

（1）Photoshop 的陷印处理，图像—陷印。

（2）Pagemaker 的陷印处理，文件—自定义格式—陷印。

（3）Indesign 的陷印处理，窗口—输出—陷印预设。

（4）方正飞腾的陷印处理，版面—露白预校。

（5）Illustrater 的陷印处理，路径查找器—下拉三角—陷印。

（6）CoreldRAW 的陷印处理，右键—叠印轮廓；打印—分色—始终叠印黑色。

进行陷印时应注意以下几个方面：

（1）细小文字和线条的陷印量要比正常量略小一些，这是因为字体边缘和线条的边缘由于颜色的叠加会有一定程度的模糊，使得文字和线条看上去不是很清楚。

（2）空白区域大，受水面积大，纸张伸长变形严重，陷印值要相应增加。

（3）色块由两种平网色叠加时，或上一色是平网，下一色为实地，一般不需要进行叠印。如底色为 C100%M60%，前景色为 C90%Y30%，如图 4.21（a）、（b）所示，为设置叠印和未设置叠印的效果图。可见，设置叠印处理后，输出后的视觉效果更差。

（a）未叠印处理

（b）叠印处理后

图 4.21　设置叠印和未设置叠印的效果图

对未执行叠印和叠印后的效果图进行分色预览，如图 4.22 和图 4.23 所示。

图 4.22　未执行叠印的图形分色预览 C、M、Y

图 4.23　叠印后的图形分色预览 C、M、Y

（4）98%以上的黑色文字或图案叠印在彩色上时，由于黑色油墨的遮盖力很强，可直接将前景色的黑叠加在背景色的彩色上，无需做陷印处理。

（5）当重叠印刷的对象共享公共颜色时（此为 C 色），不需要做陷印处理，如图 4.24 所示。

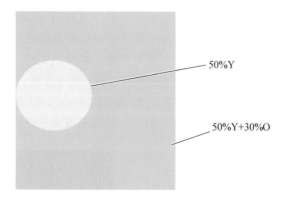

图 4.24　共享颜色时不陷印

由于印刷工艺、承印材料及印刷系统的套印精度不同，印刷品越精细，套准精度就越高，陷印值就越低。如单张纸胶印机采用双面铜版纸的陷印值为 0.1 mm，卷筒纸胶印机采用新闻纸的陷印值为 0.25 mm，凹印和柔印的陷印值要大一些，在 0.2 ~ 0.3 mm。

三、油墨结皮

1. 结皮原因

单张纸胶印油墨由于使用干性、半干性植物油作为溶剂，很容易和空气中的氧气发生氧化交联，进而形成结皮。通常油墨的结皮是指在常温状态下氧化、渗透、挥发、蒸发等致使树脂析出，造成在储存或印刷过程中油墨表面层与空气接触，通过植物油的氧化或有机溶剂的挥发、体系聚合等作用形成凝胶。结皮形成后是相当稳定的，在常温下不可逆。

在印刷过程中油墨结皮后，墨皮会在墨辊的剪切作用下向整个墨路传递，严重影响正常输墨。同时，当墨皮黏附到靠版墨辊上时，会使印版上图文出现色密度突变；当墨皮传输到印版和橡皮布上时，会使印刷品上出现不规则的环状斑痕。

当墨皮黏附到水辊上时，会使输水不正常，出现上脏现象；墨皮还有可能直接附着到纸张表面，严重影响印刷品质量，造成成品合格率下降。在油墨的选购、印刷使用过程中，有效地控制油墨的结皮时间对于印刷企业有着重要的意义。

普通胶印油墨根据承印物以及印刷工艺、设备、材料的不同，对油墨的结皮时间要求也不同。新闻轮转、书刊轮转、热固油墨很少有结皮现象，以渗透干燥、挥发干燥为主；而单张纸胶印油墨以氧化结膜干燥为主，所以结皮指标就成了其重要考核指标之一。

2. 结皮速度影响因素

（1）油墨中催干剂含量过高。在油墨的生产过程中，催干剂是最后添加的，如果在加入后分散不均匀，检测干燥时会出现结皮太快而纸上干燥过慢问题。催干剂一般有表层和深层两种，金属盐类可增加携氧能力，促进干性、半干性植物油的快速氧化。表层催干剂类的添加量过多会加快结皮。由表 4.6 可见，随着钴催干剂含量的增加，结皮时间缩短。

表 4.6 不同催干剂含量对同一油墨体系结皮时间的影响

红色油墨	EX-1	EX-2	EX-3	EX-4	EX-5	EX-6	EX-7	EX-8	EX-9	EX-10
L4BD 宝红颜料	19	19	19	19	19	19	19	19	19	19
植物油基胶质油	51	51	51	51	51	51	51	51	51	51
植物油基连接料	25	25	25	25	25	25	25	25	25	25
助剂含量	4.9	4.8	4.7	4.6	4.5	4.4	4.3	4.2	4.1	4.0
钴（8%）含量（g）	0.1	0.2	0.3	0.4	0.5	0.6	0.7	0.8	0.9	1.0
结皮时间（h）	39.1	28.7	18.9	12.6	10.2	8.7	6.6	5.1	4.3	3.8

注：测试条件——温度(25±2)℃，相对湿度60%；测试干燥仪：B.K.DRYING RECORDER，墨层厚度60 μm。

（2）油墨流动性差。油墨流动性差会影响油墨的转移性，墨斗出现油墨结块、结皮形成墨皮堵刀，致使油墨转移不畅，出现脱墨现象。流动性差致使靠近墨斗辊的油墨顺利转移走，而远离墨斗辊的油墨静置不动，在高温作用下结皮凝固。所以油墨在墨斗里要有良好的流动性：一是在墨斗辊的转动下墨斗里的油墨也在流动，这样不易结皮；二是具有良好流动性的油墨到达印版上的速度较快，新鲜油墨替代快，水墨平衡较稳定，油墨在墨斗和墨路的存留时间短，不易出现结皮现象。

（3）油墨中干性植物油含量过高。近年来人们越来越推崇环保油墨，油墨中植物油的含量也大幅度提升。为保证干燥速度，必须增加干性植物油含量。譬如，合成纸油墨的干燥速度快但结皮时间更快，像这类油墨中干性植物油、催干剂含量都很高，为了满足纸张适应性（干燥速度、耐摩擦能力、印刷效率），其结皮是不可避免的。

（4）温度过高。当温度过高时，油墨中的不饱和分子活性增强，尤其是表面接触空气的部分更容易在氧气的作用下结膜氧化，加速油墨的氧化结皮。通常温度高有以下几个方面：

① 环境温度过高。通过现场监测，操作人员发现油墨在夏季的结皮速度比冬季明显快得多，如果车间没有空调控制表现得就更为明显。合理控制工作环境的温度是必要的，一般来说，车间温度控制在 25 ℃ 左右比较理想，既能保证油墨良好的流动性和转移性，又能将油墨的结皮控制在一个比较低的程度。没有温控的车间最高温度能达到 40 ℃ 左右，墨斗温度能达到 50 ℃，这样就加快了油墨结皮。表 4.7 是同种油量在不同温度下结皮速度的测试结果。

表 4.7　同种油墨在不同温度下结皮速度的测试结果

红色油墨	EX-1	EX-2	EX-3	EX-4	EX-5	EX-6	EX-7	EX-8	EX-9	EX-10
温度（℃）	18	22	25	28	30	35	40	45	50	60
相对湿度（%）	60	60	60	60	60	60	60	60	60	60
结皮时间（h）	>36	32.5	24.2	20.7	16.4	12.3	8.7	5.2	3.3	2.7

注：测试条件——恒温恒湿培养箱；测试干燥仪：B.K.DRYING RECORDER，墨层厚度 60 μm。

② 墨斗温度过高。墨斗温度过高也会使油墨在印刷过程中出现结皮现象。当墨辊间接触压力过大的时候，温度升高比较明显，长时间印刷时油墨很容易在墨斗和墨辊上出现结皮。准确调节和控制墨辊间压力，调整润版液温度，或添加串墨辊冷却装置，能有效防止油墨在印刷过程中结皮。

（5）静置油墨长时间和空气接触。静置油墨中的连接料干性或半干性植物油能够和空气中的氧发生氧化还原反应，在空气中暴露时间过长会被氧化，出现结皮现象。油墨静置通常有以下几种形式：

① 暂时不用的油墨裸露在空气中放置，时间一长表面就会出现厚厚的氧化膜。操作人员在印刷厂都会有这样的经验，当从墨盒或墨桶中盛墨的时候，要尽量将油墨表面保持在一个平的状态，就是为了减少油墨和空气的接触面积，尽量减少油墨结膜后的浪费。剩下的油墨要用保护膜重新盖上，阻断与空气的接触，这样能有效防止油墨的结皮。

② 长时间停机时没有清洗墨路，会造成油墨在墨辊和墨斗中结皮。在工作中一定要注

意：较长时间停机时要将墨路清洗干净；当停机时间不是很长的时候，可以选择在墨路上喷涂油墨防结皮剂或使用不结皮油墨。

③ 油墨在墨斗中长时间不搅拌，会出现结皮现象。在印刷过程中所讲的"三勤"（勤检查印张、勤搅拌墨斗、勤查看印版版面水分），勤搅拌墨斗便是其中很重要的一项。首先它能够保持墨斗中油墨的流动性；其次能够使表层的油墨和内部的油墨经常交换，避免和空气接触的油墨总是同一部分。供墨量调节也需要规范化操作，基本准则是：墨斗刀片和墨斗辊之间的间隙尽可能小，墨斗辊的转角尽可能大。"运动"油墨的结皮时间将会延长。

3. 结皮处理

在油墨的生产、使用过程中，以下措施可以预防或杜绝墨皮的产生：

（1）控制干性植物油的含量。由于单张纸胶印油墨是以氧化结膜为主、渗透干燥为辅，植物油含量不仅影响油墨的干燥速度，对印刷品的光泽度影响也很大，所以平衡植物油在油墨中的含量很关键。大豆油体系属于半干性，含量太高会影响印刷品的初干，必须添加一部分干性油来平衡。如果油墨是石油体系的组分，植物油含量可以很低，这样油墨结皮时间被无限地延长，甚至不结皮；油墨初干也没问题，但印刷品的光泽度较差，耐磨性较差，这样会牺牲印刷质量。一般来说，普通产品干性植物油含量控制在 20%左右为宜。

（2）加入防结皮助剂。为了追求更高的印刷品效果，又要避免油墨在使用过程中产生墨皮，目前通常的做法是添加防结皮剂来解决植物油含量很高的问题。

肟类的防结皮剂，虽干燥时间长，但仍在印刷规定的标准范围内，尤其是印刷长版活不停机，没时间清洗墨路时，加此防结皮剂可以满足使用要求。这是因为，该助剂与催干剂形成的络合物使催干剂暂时失掉活性，与传统采用酚类化合物捕获活性自由终止聚合反应的原理不同，因而它对干燥效率影响不是很大。但如果用量太多，挥发时间延长，络合物解体过慢后往往会影响包装印刷油墨成膜速度。生产商可以根据用户要求来控制防结皮剂的用量，达到在机器上不结皮且在纸张上干燥快的效果。

（3）过滤系统的应用。在生产过程中，油墨成品、半成品静置的时间过长形成墨皮，这样会严重影响油墨的品质。一般在油墨生产中使用高目数的过滤器进行墨皮处理，或使用斜列式三辊机进行除墨皮残渣作业。只要使用干性植物油的油墨都会存在结皮问题，所以对成品的残渣分析尤为重要，至少要保证产品在使用前均匀稳定，没有异物，转移性有保障。

（4）控制车间的温湿度。车间温湿度对油墨结皮影响很大，国内很多印刷车间均未达到印刷标准的要求。夏季室外温度达到 35 ℃ 以上，车间的温度可能达到 40 ℃ 以上，墨斗里就能到 50 ℃ 左右，这样的温度条件下油墨结皮加快，对水墨平衡控制不利。因此应安装空调，把车间温度控制在 30 ℃ 以内，将油墨的结皮时间延长。

（5）定时搅拌或补给墨斗，替换新鲜油墨。墨斗中的油墨在长时间使用中，由于纸张的印刷适性差（含水量增加，纸粉、纸毛的混入等）会导致墨性发生变化，使油墨的黏度和流动性变差，墨路剪切热量带不走，温度升高易结皮。及时更换新墨、搅拌墨斗是行之有效的措施之一，可提高油墨的转移性，缓解油墨结皮。

（6）定期清洗墨路，喷防结皮剂，或换用不结皮油墨。定期清洗墨路，能提高墨路的吸墨性和转移能力。如果中途停机时间过长，可在墨路上喷防结皮剂，缓解油墨结皮，提高生产效率。目前许多印刷企业使用不结皮油墨，油墨生产厂家可根据用户实际要求调整油墨的结皮时间。加上目前对材料低碳环保的要求越来越严格，不结皮油墨的市场前景更加广阔。但目前不结皮技术不够成熟，对印刷品质量和印后加工有一定的影响，对环保性材料的替代品和稳定性技术的改良还需不断探索，才能制造出结皮时间更长而纸上干燥更快的油墨。图4.25所示为结皮后的油墨，结皮后的油墨不能再用于印刷。

图 4.25　油墨结皮现象

【练习与测试】

一、简答题

1. 传统印刷的五大要素是什么？
2. 传统的印刷方法有哪几种？
3. 传统印刷油墨的干燥方式有哪几种？
4. 普通润版液中为什么要加入亲水胶体和电解质？

二、能力训练题

制作一个包装产品或印刷宣传单页，作品中使用专色，观察在上机印刷过程中，油墨结皮现象对印刷产品的影响，并选择最佳的油墨结皮调整方法。

项目五　版材输出及性能检测

【背　景】

印版是连接印前和印刷的中间环节，印前的印刷图文先输出到印版上，再通过印版转印到承印材料上。印版是由版基和版面两部分组成的，版基是印版的支持体，具有一定的机械强度和化学稳定性；版面是由图文部分和空白部分构成，具有选择接受油墨的功能，印刷时只有图文部分能够接受油墨和传递油墨。印版的制作和性能检测是印前制版人员必备的技能，而现在多数企业仍以胶印印版的制作为主，因此印版版材性能检测项目化教学以 PS 版性能检测展开。

【能力训练】

任务 1　印版输出

目前国内平版印刷主流的印版有两大类：CTP 版（通过 CTP 出版机激光曝光，分光敏和热敏两大类，光敏主要是非银盐感光材料，绝少使用银盐感光材料）；PS 版（通过晒版机碘镓灯一类"常规"光源曝光，应用光分解型重氮感光材料，空白部分见光分解，是阳图型，绝少使用银盐感光材料；阴图形 PS 版较少）。本学习任务中，所使用的版材为光敏型 CTP 版材。

（一）任务解读

利用方正畅流数字化工作流程软件，经过规范化、预飞、折手、拼版工艺处理后，将提前制作好的图文信息进行印版的制作及输出。

（二）设备、材料及工具准备

（1）设备：印版曝光机（DL8500）、冲版机。

（2）材料：柯达印版（光敏型 CTP 版），尺寸为 550 mm × 650 mm，厚度约为 0.27 mm；显影液、补充液。

（3）工具：pH 试纸、温度计等。

（三）课堂组织

分组，5 人 1 组，实行组长负责制；每人领取 1 份实训报告，输出结束时，教师根据学生调节过程及效果进行点评；现场按评分标准在报告单上评分。

（四）印版输出步骤

（1）图文信息制作。

（2）启动方正畅流数字化工作流程。

① 规范化器。接收 TIFF、PDF、EPS、PS、PRN、S2、PS2、S72 等页面描述文件，将上述文件进行分页，转换成单页面、自包容的 PDF 文件。

② 预飞。在输出一个印刷作业前对数据文件进行预检，用以发现数据文件在页面、图片、文字等各方面的问题，最大限度地避免时间和成本的浪费，保证正确的输出结果。

③ 折手处理器。将多页的小页文件，按对应位置以特定方式拼成大版，以便印刷后经过折叠，再现出设计者意图的页序。图 5.1 所示为进行双面印刷时折手处理的界面，图 5.2 所示为页面置入后的样张效果。

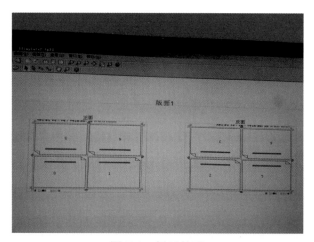

图 5.1　折手处理

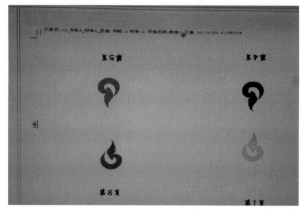

图 5.2　折手处理后样张

④ 拼版。拼版在作业中作为独立的处理器节点存在，前后均不与其他节点相连。它接受规范化器、边空调整、页面裁切、自动合版、PDF 合并、PDF 工具等节点处理后的文件。拼版前，用户需向"拼版"节点手动提交要拼版的页面。拼版作业如图 5.3 所示。

准备工作的参考步骤如下：

a. 打开或新建一个作业。

b. 添加节点，确保作业中至少包含"规范化器"和"拼版"节点。

c. 选取文件，提交"规范化器"处理。

d. 选中规范化后的页面文件，手动拖拽至"拼版"节点上。

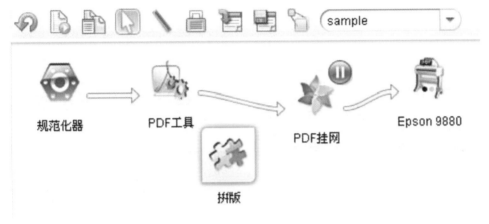

图 5.3　拼版作业

⑤ RIP 前拼版。先将页面拼成大版再 RIP。即先完成各个页面的排版及不露白，接着进行各页面的拼大版作业，然后将此文档送到 RIP 进行处理。

⑥ RIP 后拼版。先 RIP 页面，再拼大版。这种方式适合包装、标签类印刷范围。

⑦ 点阵导出。将 PDF 挂网以后的文件为点阵文件，后端的输出设备应该是照排机和 CTP，输出模块后端是 Eagle Blaster，它的作用是将畅流系统与输出设备相连。Eagle Blaster 同时完成自动拼页和点阵预览的处理。点阵导出后可以看到图 5.4 所示的各印版图文效果，借助于 Eagle Blaster 上的放大镜工具可以观察到网点的形状，如图 5.5 所示。

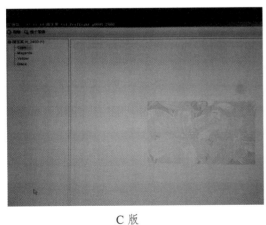

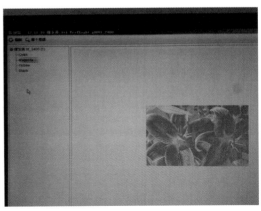

C 版　　　　　　　　　　　　　　　　　M 版

Y 版　　　　　　　　　　　　　　K 版

图 5.4　PDF 挂网后效果图

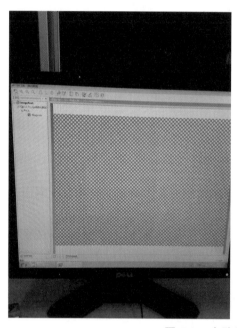
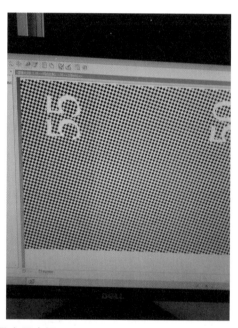

图 5.5　点阵导出网点预显

（3）曝光。本任务使用的曝光设备为方正雕龙 8500，其与前端 Eagleblaster 软件紧密连接在一起，图像数据从 RIP 上下载到制版机中。位于制版机背面的电源打开后，会出现 MMI（人-机界面）初始化窗口，上版平台和 MMI 触摸屏位于制版机的前端，可以在下载作业文件的同时持续不断地将版材推入照版机。（**注意**：确保在上版之前将衬纸拿开。）按"确认上版"按钮，然后版材就会被推入鼓中，如果将版材留在上版台上超过 6 min，将有"灰雾"的危险。

（4）显影。即将前端曝光后的版材上的不可见图文信息进行显影处理。在此之前需将机器预热至一定温度，该工序包括显影、水洗、烘干。**注意：务必将后端补充液管子插入补充液桶。**

（5）烤版。为了增加印版的耐印力，通常需将版材拿到烤版机中进行烤版处理。

（6）涂保护胶。若制版的印版暂时不用，则需要在版材表面涂布一层保护胶。

任务 2　印版亲水性检测

（一）任务解读

CTP 版主要有光敏型和热敏型两种。光敏型版材由于对光线敏感，因此在进行曝光的过程中必须要关闭光源，只允许打开黄色安全灯；而热敏型版材则可以在正常的光源照射下工作。对于印版来说，应对其着墨性能、亲水性能、上脏性能、耐磨性能进行检测。

（二）设备、材料及工具准备

（1）设备：印版曝光机（DL8500）、冲版机。
（2）材料：已经冲好的版材。
（3）工具：ICPlate 印版测定仪、脱脂纱布、视频光学接触角测量仪。

（三）课堂组织

分组，5 人 1 组，实行组长负责制；每人领取 1 份实训报告，调节结束时，教师根据学生调节过程及效果进行点评；现场按评分标准在报告单上评分。

（四）检测步骤

第一步：试样选取。选取一定尺寸的版材，使用热敏直接制版机内置长方形实地条，在一定的分辨力下，选取合适的曝光能量，对试样进行扫描制版（若因条件设置所需，使同一张版材上制出曝光能量从低到高的不同长方形实地条，则试验时选取能量相同的实地部分作为着墨性试验点），然后用水显影。在沿版材对角线方向，离边 10 cm 以上部位，裁切为 3.0 cm × 3.0 mm 规格的试样 5 块，在裁切时，需保证试样表面洁净、均匀，边沿平整。

第二步：仪器条件及测量。调节室温在（25 ± 0.5）℃，相对湿度为 50%，水滴体积为 2.0 μL，出水速度为 2.0 μL/s。将水滴释放至试样表面并与注射针针头分离的时刻记为 $t = 0$，分别拍取 $t = 10$ s 和 $t = 2$ min 时刻的水滴照片，并使用 SCA20 软件系统中的 L-Young 法，找出"三相点"，测量静态接触角 θ，以比较各样品之间以及同一样品不同时间点静态接触角的大小。

接触角指的是在一块水平放置的光滑固体表面上滴加少许液体，待液滴在固体的表面达到平衡时，在气、液、固三相交界处，气液界面和液固界面之间的夹角，通常以 θ 表示。θ 的大小取决于固体表面能、液体表面张力以及固-液界面能间的平衡关系，从 θ 的数值大小可以看出液体对固体的润湿程度。著名的 Young 方程揭示了 θ 与三个界面张力之间的关系：

$$\cos\theta = (\gamma_{s-g} - \gamma_{s-l})/\gamma_{l-g} \tag{5.1}$$

由式（5.1）可以得到如下结论：

（1）当 $\gamma_{s-g} = \gamma_{s-l}$ 时，$\cos\theta = 0$，$\theta = 90°$，系统处于润湿与否的分界线。

（2）当 $\gamma_{s-g} < \gamma_{s-l}$ 时，$\cos\theta < 0$，$\theta > 90°$，此时称为不润湿；$\theta \to 180°$，完全不润湿，固体表面表现出疏液性，如图5.6所示。

（3）当 $\gamma_{s-g} > \gamma_{s-l}$ 时，$\cos\theta > 0$，$\theta < 90°$，此时称为润湿；$\theta \to 0°$，完全润湿，固体表面表现出亲液性，如图5.7所示。

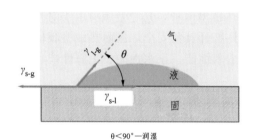

图 5.6　接触角大于 90°液滴形状、接触角与润湿的关系

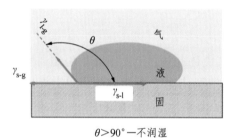

图 5.7　接触角小于 90°液滴形状、接触角与润湿的关系

第三步：用脱脂纱布在版材上提墨，用清水冲洗后观察着墨情况，以内实地部分着墨是否均匀厚实、空白部分是否完全干净作为着墨性和亲水性的评价标准。

注意：虽然传统意义上的疏水和亲水是按照接触角 90°作为划分界限，但在实际生产中，由于性能需要，涂层配方中经常会添加一些亲水性的表面活性物质，因此呈现亲墨性的图文区常常会出现接触角小于 90°的情况。在保证空白区亲水性能合格，显影不上脏的前提下，只要图文区和空白区的亲水性能反差达到一定程度，即可满足印刷的要求。

任务 3　版材留膜率和空白密度检测

（一）任务解读

显影过程是影响网点再现的主要因素之一，若显影参数设置不合适，即使曝光参数是最佳的，最终显影出来的版材也不能满足印版要求。在实际印版生产中，只有做到了显影液、显影参数与版材类型的一一对应，才能保证显影后 CTP（Computer to Plate）印版的质量。而评价 CTP 印版显影质量的两个重要指标是留膜率和空白密度。

（二）设备、材料及工具准备

（1）设备：晒版机（雕龙 8500）；CTP 显影设备；印版检测仪：X-Rite iCPlate Ⅱ型。

（2）材料：CTP 版材：选用 FIT 阳图热敏型 CTP 版。

（三）课堂组织

分组，5 人 1 组，实行组长负责制；每人领取 1 份实训报告，检测结束时，教师根据学生检测过程的规范程度及最终的检测结果进行点评；现场按评分标准在报告单上评分。

（四）操作步骤

1. 试验参数的设定

显影温度和显影速度。设置 25.0 ℃、25.5 ℃、26 ℃ 3 个显影温度；在不同的设置温度下，设置了 1 200 mm/min、1 300 mm/min 两个显影速度。

2. 试验操作

在设定显影温度下，根据设定的两个显影速度对 CTP 版材进行显影处理；显影完成后，测量版基的留膜率和空白密度，记录数据并通过对留膜率的测量来判断留膜率和空白密度是否合乎标准。留膜率测试过程中，每个条件下选 5 个测点，取其平均值为实测值。试验过程中，允许显影温度在设定温度和实际温度偏差范围内波动。通过多次试验，最后确定试验条件下最合理的显影温度和显影速度。以设置温度和速度的不同进行分组，测量显影过程中的相关数据，包括实测温度、实测速度、平均留膜率、空白密度等，并通过测量版基密度和利用酒精检验判断版材是否干净，以做参考。

3. 试验分析

通过填写表 5.1 数据，判定要输出最佳状态印版时的显影温度和显影速度选择。

表 5.1 不同设置温度和速度下印版的相关数据

显影温度（℃）	显影速度（mm/min⁻¹）	实测显影温度（℃）	实测显影时间（s）	平均留膜率（%）	空白密度	酒精检验	版基密度
25.0	1 300						
	1 200						
25.5	1 300						
	1 200						
26.0	1 300						
	1 200						

任务 4　CTP 线性化曲线的制作

（一）任务解读

CTP 校正曲线也叫作 CTP 的线性化，通过此曲线可使 CTP 曲线输出成一直线，让 CTP 准确输出网点百分比数值。在出输版过程中，CTP 版曝光量与显影温度、时间都会影响出版的网点大小，通过校正曲线可使 CTP 曲线成一直线，也就是设置是 30 的网点，出来的网点就是 30%。

（二）设备、材料及工具准备

（1）材料：输出的 CTP 版材、打样纸。

（2）设备：EPSON 喷墨打样机。

（3）工具：色差计、ICPlate2 印版测试仪。

（三）课堂组织

分组，5 人 1 组，实行组长负责制；每人领取 1 份实训报告，各组成员务必熟悉印版的输出操作工艺及实训室安全准则，曲线制作结束时，教师根据各组学生所得曲线及对各组成员进行操作问答情况进行评价；现场按评分标准在报告单上评分。

（四）制作 CTP 曲线操作步骤

1. 曲线校正

不加任何曲线。首先，设定编辑页面的信息，如图 5.8 所示，设置好分辨率、输出设备

图 5.8　设定编辑页面信息

的信息等。然后出测试条，借助丁打印机打印未加校正曲线的测试条，打印校正参数如图 5.9 所示；接着可得到如表 5.2 所示的测量数据；将表 5.2 中的测试数据输入校正曲线模板，效果如图 5.10 所示；最后可以得到一条校正曲线，如图 5.11 所示。

图 5.9 打印校正参数

表 5.2 测得的数据

文件数据	0	2	4	6	8	10	15	20	30	40	45	50	55	60	70	80	85	90	92	94	96	98	100
CTP版	0	1	3	5	7	9	13	18	29	39	44	50	56	61	71	81	86	91	93	95	97	98	99

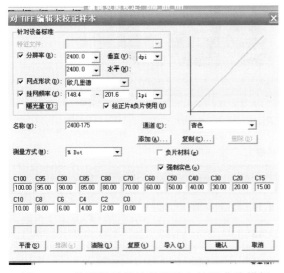

图 5.10 将测量所得的数据输入校正曲线模板

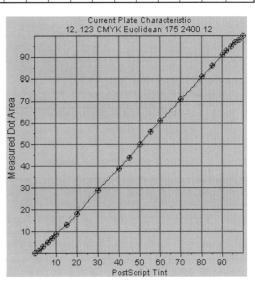

图 5.11 一次校正曲线

如果一次校正不理想，可进行二次校正。

2. 标准印刷

直线印刷的前提是标准的印刷过程，标准的印刷过程包含了许多因素，这些因素都会直接影响印刷的品质。为了确保印刷品质，通常会在印刷标版上加各种色标、测控条去监控印刷。印刷过程尽量控制的要素是：网点、颜色复制的真实程度、印刷过程的稳定性。其中叠印区的网目值（网点大小）是最重要的控制要素。当然还有其他影响印刷质量的因素，如环状白斑、糊版、起脏、套印不准等。对色标、测控条的应用请参考印刷质量控制文档。

3. 判断曲线拉伸

（1）CTP 打样测试。

（2）使用单色传统打样机正常密度打稿。

（3）测试样张。

本实训项目选择第 3 种，即测试样张方法。图 5.12 所示为待测试的样张，可见，样张中有多个色块、颜色梯尺等信息。使用密度计测量样张上的颜色块，可得到如表 5.3 所示的数据，将所得数据使用表格的形式表达，即为印刷均匀图，如图 5.13 所示。

图 5.12　待测试的样张

表 5.3　样张 1（测量方向左→右）

密度	1	2	3	4	5	6	7	8	9	10	11	12	13	14	15	16	17
C	1.5	1.41	1.39	1.43	1.36	1.38	1.39	1.41	1.37	1.33	1.36	1.36	1.33	1.31	1.31	1.42	
M	1.47	1.41	1.36	1.34	1.36	1.39	1.37	1.41	1.48	1.46	1.44	1.39	1.42	1.42	1.33	1.36	1.18
Y	1.08	1.04	1.01	1.04	1.02	0.98	0.95	0.98	1.01	1.00	1.01	0.96	0.97	0.94	0.97	0.98	0.98
K	1.28	1.25	1.30	1.39	1.42	1.41	1.41	1.35	1.39	1.31	1.32	1.28	1.31	1.30	1.25	1.24	1.33

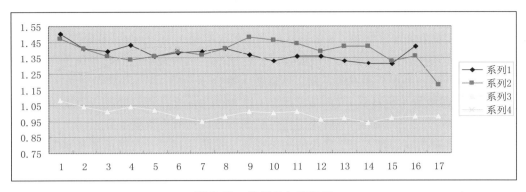

图 5.13　印刷均匀图显示

　　由表 5.4 所示的样张 1 网点扩大数据作图，可以看出 50%处网点扩大数据，网点扩大最大值为 22%，最小值为 15%。同样的方法，测定样张 2，得到表 5.5 所示的数据及表 5.6 所示的网点扩大数据。

表 5.4　样张 1 网点扩大（测量方向 2～100）

网点	2	4	6	8	10	15	20	25	30	35	40	45	50	55	60	65	70	75	80	85	90	95	97	98	99	100
C	1	5	9	12	15	23	30	39	45	51	57	64	72	78	82	84	88	91	94	96	98	100	100	100	100	100
M	1	5	7	11	13	21	27	34	40	47	52	59	65	72	76	81	84	87	91	94	97	99	100	100	100	100
Y	1	4	8	11	14	21	28	35	42	49	55	61	68	74	80	85	89	91	94	96	99	99	99	99	99	100
K	2	6	9	12	15	23	30	37	43	50	56	63	70	75	79	82	86	90	93	96	98	99	100	100	100	100

表 5.5　样张 2（测量方向左→右）

密度	1	2	3	4	5	6	7	8	9	10	11	12	13	14	15	16	17
C	1.58	1.38	1.32	1.35	1.31	1.37	1.37	1.40	1.36	1.32	1.42	1.33	1.33	1.32	1.23	1.38	
M	1.45	1.45	1.38	1.37	1.34	1.35	1.39	1.42	1.50	1.47	1.48	1.40	1.39	1.38	1.34	1.35	1.19
Y	1.09	1.02	1.00	1.06	1.05	1.01	1.03	1.04	1.07	1.08	101	1.00	1.02	1.03	1.02	0.95	0.95
K	1.24	1.22	1.16	1.23	1.26	1.28	1.22	1.18	1.24	1.19	1.20	1.13	1.15	1.12	1.16	1.16	1.21

表 5.6　样张 2 网点扩大（测量方向 2～100）

网点	2	4	6	8	10	15	20	25	30	35	40	45	50	55	60	65	70	75	80	85	90	95	97	98	99
C	2	7	11	15	18	27	34	40	47	53	59	66	73	79	82	85	89	92	95	97	99	100	100	100	100
M	2	6	9	12	16	21	28	34	41	47	54	59	66	72	78	81	84	88	91	94	97	99	100	100	100
Y	1	6	9	13	17	23	30	37	43	49	57	63	69	75	82	89	92	95	97	99	99	100	100	100	100
K	2	6	10	13	16	23	30	36	43	49	55	63	69	74	78	82	86	89	93	96	98	100	100	100	100

依照相同的方法测试样张 3、4、5 的各色版的密度和网点扩大，并得到各色版中 50%的网点的最大扩大值和最小扩大值。5 张测试样张中扩大率最大为：23%；平均值为：19%；最小值：15%。而印刷正常样张扩大率一般在：9% ~ 13%。因传统单色打样与四色印刷滚压方式不同、压力不同、上水上墨方式不同，所以扩大率会不一样。

印捷 CTP 曲线和单色打稿 CTP 曲线制作（以 19%为标准，调整曲线。印版 50%位最少要减 6 点即 43%。）四色印刷 CTP 曲线制作可根据四色印刷所得数据推算。

根据所得印刷曲线，放入 HQ 模块的相关模块（见图 5.14）一次校正加上 50%拉至 43%的出测试条所得曲线，如图 5.15 所示。

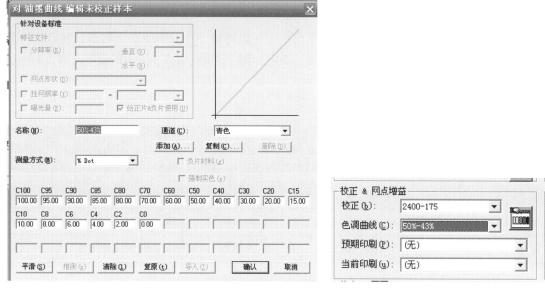

图 5.14　各色版 50%的网点扩大值输入相应模块

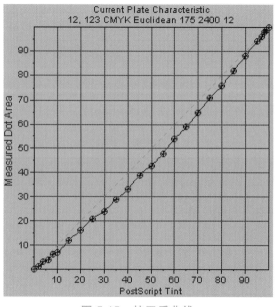

图 5.15　校正后曲线

【知识拓展】

一、印版种类

印版版材分类方式有多种，按照版基进行分类，分为金属版材和聚酯版材；按照涂层分类，可分为光敏树脂版和热敏版；但如果按照制版成像原理进行分类，则又可分为银盐可见光型 CTP 版材、非银盐可见光感光树脂 CTP 和热敏成像版材，其中，前两种可以统称为感光体系 CTP 印版，后一种可以称为感热体系 CTP 印版。目前国内常用的版材为非银盐感光材料以及热敏版，下面将针对这两种版材的成像原理进行阐述。

1. 光敏 CTP 版材

主要依靠印版材料吸收光子后发生聚合、分解或者交联等化学反应，从而导致印版材料相应曝光区域的物理性质发生有意义的变化。由于感光体系印版对光比较敏感，所以要求在暗室条件或者黄色安全灯下进行操作处理。

感光体系的 CTP 版材一般包括银盐扩散型版材、高感光度的树脂版材和银盐/PS 版复合型。

（1）银盐扩散型版材。银盐扩散 CTP 版的涂层结构是在砂目化铝板基表面均匀涂布物理显影核层和感光卤化银乳剂层，最上层有一层保护膜，如图 5.16 所示。版材经过曝光、显影后，曝光部分的卤化银经过化学显影还原为银留在乳剂层中，未曝光部分的卤化银与显影液中的络合剂结合，扩散转移到物理显影核层，在物理显影核层的催化作用下还原为银，形成银影像，水洗去除非影像部分，再经过固版液亲油化处理，形成印版图文部分和空白部分。

保护层

乳剂层

铝板

图 5.16　银盐扩散版涂层结构

此种 CTP 版材一般为阳图型，具有高感光度。其成像特点是在物理显影核层通过减少银的数量而形成阳图影像，包括向内扩散和向外扩散。

向内扩散型银盐版材由具有良好亲水表面的铝版基、物理显影核层和银盐乳剂层构成，激光扫描成像后，进行扩散显影。曝光区域的银离子向下扩散，在底层物理显影核层的作用下还原成金属银，成为最后的亲油表面；然后将乳剂层去掉，曝光区域的亲水版基表面裸露出来成为亲水层，如图 5.17 所示。这类版材的典型代表就是爱克发公司的 Silverlith 版材。

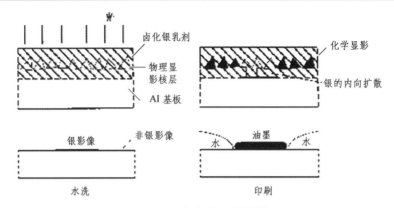

图 5.17　向内扩散型印版

向外扩散型直接版材由版基、银盐乳剂层和物理显影核层构成，激光扫描成像后，进行扩散显影。没有曝光区域的银离子向上扩散，在表层物理显影核层的作用下还原成金属银，成为亲油表面；曝光区域的表层仍然为乳剂层，具有良好的亲水性，如图 5.18 所示。这类版材的典型代表就是三菱公司的银盐数字版材。

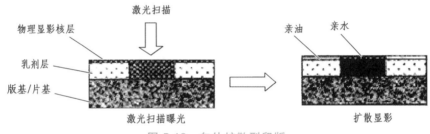

图 5.18　向外扩散型印版

（2）光聚合型版材。此种版材通常是由铝板基、光敏树脂层和表面保护层构成，版材多为阴图型印版。其感光机理是利用游离基化学反应，使印版曝光部分的感光树脂乳剂层中的感光树脂亲水性分子发生链接或聚合反应，形成不溶于水的聚合物，经热处理，加速分子聚合，形成不溶于碱性显影液的聚合物。显影除去感光部分的保护层及未感光部分保护层，露出铝板基形成空白部分，如图 5.19 所示。

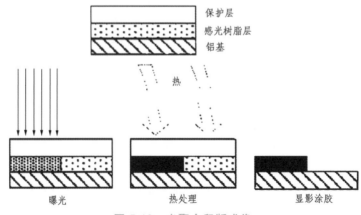

图 5.19　光聚合印版成像

（3）银盐与 PS 版复合型版材。在粗化与阳极化的铝基上依次涂布预感光的感光高分子层、黏结层和卤化银乳剂层。卤化银层首先曝光，银影、水洗、定影后产生保护层，再通过保护层作紫外曝光，曝光了的光聚合物被刷洗掉，未曝光的作为印刷影像部分，再次显影、水洗，经亲油化处理即可。其工艺过程如图 5.20 所示。

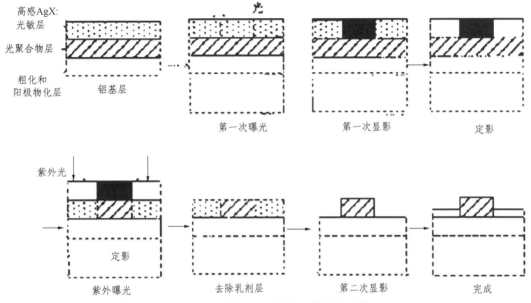

图 5.20　银盐/PS 版复合型版材成像

2. 热敏 CTP 印版

（1）预热型版材。由热敏涂层和亲水版基构成。热敏涂层一般由（碱）水溶性成膜树脂（如酚醛树脂）、热敏交联剂和红外染料构成。红外染料吸收红外激光的光能，转化为热能，使热敏涂层的温度能够达到热敏交联剂的反应温度，热敏交联剂在温度作用下与成膜树脂反应形成空间网状结构，使热敏涂层失去水溶性，形成图文潜影。显影前，印版需在 140°高温下进行预热处理，目的是使印版上形成的潜影部分发生充分交联反应而形成图文部分，如图 5.21 所示。

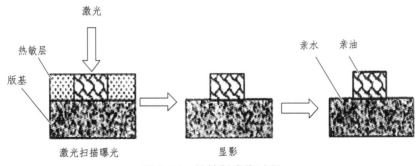

图 5.21　热敏版成像过程

（2）免预热型版材。版基上的热敏涂层通常是亲墨，并且不溶于碱性显影药水。但是印版曝光后，印版曝光区域的涂层吸收能量，溶解度提高，可以溶解在碱性药水中。

（3）免处理型版材。是指版材在直接制版设备上曝光成像后，不需任何后续处理工序，就可以上机印刷。免处理版材可以分为 3 种，即热烧蚀技术免处理版材、热熔技术免处理版材和极性转换技术免处理版材。

热烧蚀技术免处理版材通常为双层涂布，底层为亲墨层，上层为憎墨层。曝光时，激光能量将憎墨层烧蚀，露出亲墨层，形成图文。未曝光部分仍保持憎墨性质，为版面空白处。这种技术容易产生烧蚀气雾和碎片，因此，需要额外粉尘处理装置，如图 5.22 所示。

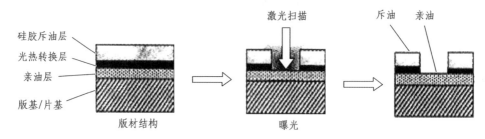

图 5.22　热烧蚀技术免处理版材

热熔技术免处理版材的组成主要是版基和药膜层。版基为粗化的铝版，形成亲水层，药膜层为塑胶颗粒，由水溶性材料吸附在版基表面。曝光时，成像部分的塑胶微粒发生热融合反应，融化结合成印版图文部分。曝光后用胶水清洗版面，未曝光颗粒被冲走，露出版基，形成空白部分，曝光部分形成图文，如图 5.23 所示。

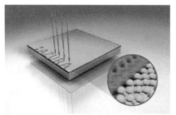

图 5.23　热熔技术免处理版材

极性转换技术免处理版材通常为单层涂布印版，它的药膜层为亲水性（或亲油性），曝光后，药膜层极性发生变化，转变为亲油性（或亲水性），曝光部分为印版图文（或空白），如图 5.24 所示。

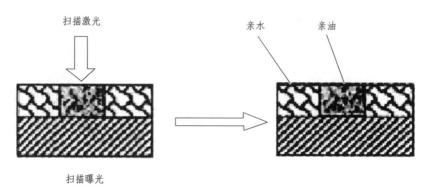

图 5.24　极性转换技术免处理版材

二、印版图文再现性能测试方法和仪器、信号条的应用

印版图文再现性能是决定印版质量的关键因素，因而对印刷版材的检测最重要的就是对印版图文再现性能的检测。常见的图文再现的检测方法是使用印版信号条，下面就以柯达信号条和爱克发信号条为例做一介绍。

1. 柯达信号条

（1）第一部分：版材信息（见图5.25）。

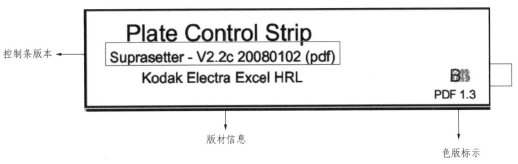

图 5.25　柯达信号条第一部分（版材信息）

（2）第二部分：检测版材药水浓度（见图5.26）。

图 5.26　第二部分检测版材药水浓度

（3）第三部分：检测制版机曝光状态是否正常，点和线分布应均匀。

如图5.27所示，共分为5个模块，第一个模块中的4个部分表示图文内容的加网角度，分别为0°、45°、90°、135°；第二个模块指的是相同的图文阶调不同的网点形状得到的图文效果；第三和第四个模块为加网线数的设置；第五个模块是对字体进行设置，在制版过程中能得到的最小的文字尺寸。

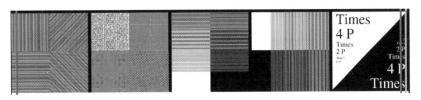

图 5.27　检测制版机曝光状态是否正常，点和线分布应均匀

（4）第四部分：检测网点还原是否正常。

图 5.28 中的上下方向，每个网点值对应下方的阶调数值，1%对应 99%、2%对应 98%、3%对应 97%，……依次类推，要保证在制版过程中，亮调网点能够再现，而暗调网点不糊，则说明印刷质量较好。

注意：检测最高、最低网点值（最高网点不糊，最低网点不丢，控制在 2%的网点出来不丢，98%的网点不糊）。

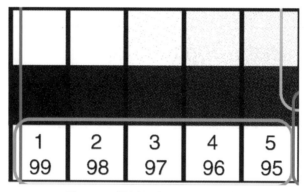

图 5.28　检测网点还原是否正常

（5）第五部分：在线性化和过程校准的基础上检测网点。

图 5.29 中的上方内容为加过曲线（线性化和过程化的补偿值）的最终网点值；而下方内容为未加过曲线（如果没加线性的网点标准值 50%的网点，达到 52%的网点值，版就可能上脏，即：在标准网点值的基础上多出 2%的网点，版就会出现上脏）。

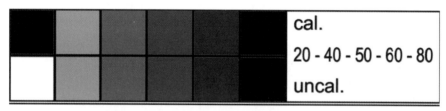

图 5.29　在线性化和过程校准的基础上检测网点（其中数字代表左边网点数值）

（6）第六部分：检测网线、网角、加网方式、网点形状、CTP 机分辨率是否正常。

图 5.30 所示的信息为：IS CMYK + 7.5：偏转了 7.5°的加网方式；Smooth Elliptical：平滑的椭圆网；2 540.0 dpi：输出热敏版的精确度；45.0：版的网角为 45°。

图 5.30　检测网线、网角、加网方式、网点形状、CTP 机分辨率是否正常

（7）第七部分：目测线性化曲线形状。

图 5.31 所示的信息为综合曲线：目测网点从 1%～100%网点线性的变化（曲线高度 1 mm 变化的网点的变化为 2%）。例：50%网点处曲线的高度是 4 mm，即实际网点值为 50% – 8% = 42%。

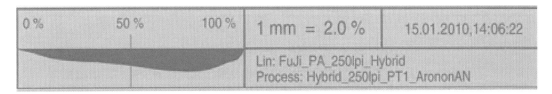

图 5.31　目测线性化曲线形状

2. AGFA 信号条

AGFA 信号条主要是针对热敏版材的制版质量进行检测，通过测控条来调节 CTP 系统的曝光情况，并进行质量控制。AGFA 数字测控条主要分为 5 个部分，分别为西门子星标、曝光控制区、细微线区、网点阶调区和信息区，其中信息区又分为过网信息和一般信息。

（1）曝光区。计算机直接制版不再使用传统制版的阴阳微米细线作为曝光量的评价因素，而是使用数字式曝光测试元素，它是基于相同百分比的粗细网点区域具有相同的视觉效果的原理而建立的。如图 5.32 所示，曝光区由背景和 6 个单独小圆圈组成，背景是 8×8 的基本点，元素像素点大小由 1×1 至 6×6 逐渐递增，基本点和由不同大小像素点占有的网点百分比都是 50%。

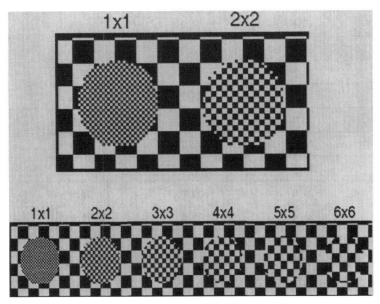

图 5.32　曝光控制区

由于网点百分比都是 50%，所以在正常情况下曝光区看起来应该像平网一样，小圆圈和背景应该有相同的灰度视觉，其中 1×1 处影响最敏感，所以变化最大，6×6 处不是非常敏感，8×8 处最不敏感。在实际生产中如果使用的曝光量不准确，那么小圆圈和背景会产生明显的视觉差别，通过不断的调节曝光，就可以确定版材的最佳曝光量。以图 5.32 为例，出现的分别是 Over exposure（曝光过度）、Right exposure（正确曝光）、Under exposure（曝光不足）的情况。当曝光过度时，圆圈区颜色会比背景色白，正确曝光时背景色和圆圈的颜色是一致的，而曝光不足时圆圈区颜色比背景色暗，如图 5.33 所示。

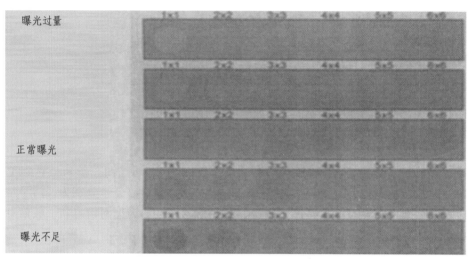

图 5.33　版材的曝光情况

（2）细微线区。在水平和垂直方向上有阳线和阴线。粗细有 4 种：1~4 像素。线条的数字宽度如表 5.7 所示，像素线的理论粗细（μm）取决于制版机分辨率（dpi）。

表 5.7　微线条部分线条的数字宽度

dpi	1 像素	2 像素	3 像素	4 像素
4 000	6.4	12.7	19.1	25.4
3 600	7.1	14.1	21.2	28.2
3 200	7.9	15.9	23.8	31.8
3 048	8.3	16.7	25.0	33.3
2 540	10.0	20.0	30.0	40.0
2 400	10.6	21.2	31.8	42.3
2 032	12.5	25.0	37.5	50.0
2 000	12.7	25.4	38.1	50.8
1 800	14.1	28.2	42.3	56.4
1 524	16.7	33.3	50.0	66.7
1 270	20.0	40.0	60.0	80.0
1 200	21.2	42.3	63.5	84.7
1 016	25.0	50.0	75.0	100.0
1 000	25.4	50.8	76.2	101.6

细微线区主要是用于检验图像在印版上的还原情况，同时也能用于控制曝光量。当曝光不足时，阳线的宽度比阴线大；曝光过度时，阳线的宽度比阴线小；正确曝光时，阳线的宽度和阴线一样，如图 5.34、图 3.35 所示。

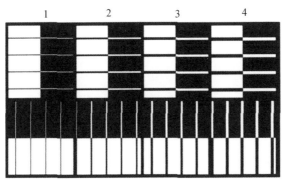

图 5.34 细微线区

曝光不足	正确曝光	曝光过度
Under exposed	Right Exposure	Over exposed

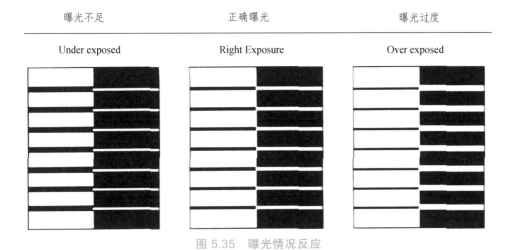

图 5.35 曝光情况反应

（3）西门子星标的应用。西门子星标（见图 5.36）由 180 条射线组成，每条射线间隔 2°，

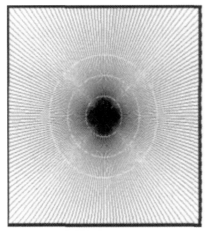

图 5.36 西门子星标

每条射线的宽度为 1 像素。西门子星标主要用于判断输出设备的分辨率，以及激光束在印版上成像的情况。如平台式 CTP，由于印版在高速地往前移动造成激光点成为椭圆形，故星标的中心点看起来就不是方形或是圆形。而对于外鼓式和内鼓式来说，星标的中心点应该是方形和圆形。

除此之外，西门子星标还有 3 个直径不同的同心圆，由内向外的直径分别是：1.5 mm、3 mm、4.5 mm。这些同心圆主要用于判断 CTP 的焦距情况，如果焦距选择正确，这 3 个同心圆在星标中应该能清晰地看到。

（4）网点阶调的应用。网点阶调区分为两大部分，上半部分与 RIP 无关，下半部分与 RIP 有关。网点阶调区如图 5.37 所示。

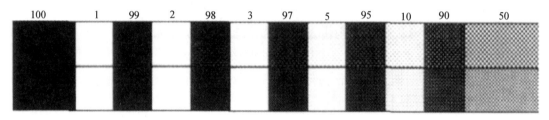

图 5.37　网点阶调区

网点阶调区分为对称的亮调和暗调区以及 50% 的中间调。上半部分的加网角度为 45°，网点形状为圆形，加网线数会根据分辨率的不同而发生相应变化。例如当分辨率为 2 400 dpi 时，加网线数为 170 lpi；当分辨率为 1 200 dpi 时，加网线数为 85 lpi。当 CTP 正常工作时，这部分的 1% 和 99% 应是互补的，因此，可以通过视觉来判断网点的复制情况。

网点是复制原稿图文信息的基础，印版上网点的质量决定最终印刷品的质量，因此需要控制印版网点的再现。AGFA 数字测控条支持对高光区、暗调区和中间调区的网点再现的评价。

三、印版标准化曲线制作

对印版的调节方法主要是通过制作印版的标准化曲线，通俗来说，印版能够呈现图文的最佳状态为各个图文信息的网点阶调都能够准确再现，比如 2% 的网点面积率通过印版的输出后检测，其值仍为 2%。但是一般情况下，这是无法实现的，因为在网点的传递过程中，不可避免地都有网点的丢失，主要的影响因素为印版的曝光和冲洗过程。但是为了能够达到尽可能准确的印版输出效果，最终实现图文的正确再现，我们通过制作印版的标准化曲线，使得网点的输入与输出值尽可能一致。

印版的标准化曲线的制作离不开 ICPlate 印版测定仪，通过对印版测定仪的使用方法的介绍，以及该仪器所能够测定的印版信息的讲解，让同学们掌握印版测定的能力。图 5.38 所示为 ICPlate 印版测定仪。

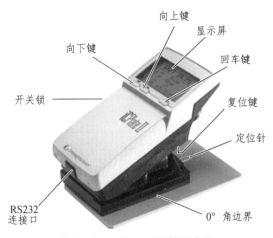

图 5.38 ICPlate 印版测定仪

1. 仪器使用前须知

（1）拨开开关锁释放开测量头，当用户第一次使用时或按下复位键（测量头底部红色按钮）后，屏幕上出现重新启动画面。

（2）当用户不使用仪器时，大约 20 s，ICPlate2 将自动进入节点模式，这时在屏幕上出现睡眠符号，随后符号消失，按仪器上的任意键可回到显示窗口。

2. 测 量

将定位指针放在需要测量的色块上，并按下测量头，显示屏上将出现符号。保持测量状态，直到测量数据显示在显示屏上。如果测量头在完成测量之前释放，⚪符号会出现跳闪，必须进行重新测量。

注意：为了能测量准确，必须保证介质和仪器放在平坦并稳定的表面进行测量，即总是保持整个仪器放在介质上（仪器的 4 个角和测量头）。图 5.39 所示为检测调幅网点时显示屏上的信息。

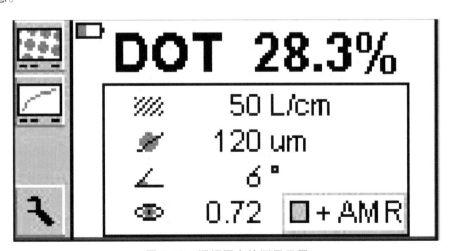

图 5.39 调幅网点检测显示屏

（1）DOT ××.×%测量得到的网点面积。

（2）调幅网点加网线数，线/cm 或线/in。

（3）网点直径用μm 表示。

（4）加网角度、视觉覆盖。

3. 测量印版曲线

测量印版曲线显示屏如图 5.40 所示。

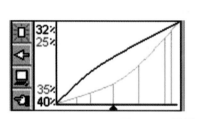 

所有测量值复位

删除已经测量好的数据，并重新测量

通过RS232接口，将特征曲线传递到PC中

返回到前一个显示窗口

图 5.40　测量印版曲线显示屏

（1）参考值曲线：浅灰色绘制成的曲线。采样点（需要测量的色块）在它符合的位置用垂直直线显示。

（2）印版特征曲线：用深灰色绘制，在每次测量完后曲线形状会有改变。

（3）下一个被测量的色块：下一个被测量的色块数值显示在左边 Y 轴的下方，希望的参考数值显示在它的上面，如果所有的色块都被测量完了，数值将不再显示。

（4）当前测量值：刚测量完的色块数值加黑显示在 Y 轴上端，希望的参考数值显示在它的下面。当重新从第一块色块测量，在没有进行测量之前将没有数值显示。在 X 轴上的黑色小箭头表示将要测量的下一个已经定义好的点。

四、印版线性曲线的制作步骤

（1）选择设备类型后，点击所需进行线性化调整的材料类型后点击"Calibration"。

（2）在"Linearisation"窗口的左侧选择所需线性化的分辨率及加网参数（注意，此处显示单位为 1pmm，即 961 pmm × 25.4 = 2 438 dpi）。

（3）点击"Expose"后，将自动输出 0～100%测试条，按队列提示版输出曝光。

（4）使用印版测量仪器对上一步骤中输出的 0～100%灰梯进行测量，并记录数据。

（5）在右侧窗口"Group"部分点击"New"，定义线性化曲线名称，并在相应位置中输入上一步骤所测得的数值。

（6）点击"Apply"。

（7）将加网参数与该曲线进行映射：左侧窗口中"Browse"选择之前输出时所使用的加网参数，点击"Add to Group"，则该加网参数将被添加至当前所显示的 Group，即线性化曲线。

（8）如需对当前曲线的添加效果进行确认，可在下方窗口选择该加网参数后点击"Verify"，即可输出印版。

五、印版留膜率

留膜率是指 CTP 版未曝光部分经过显影后感光膜的留存率。它是通过测量版材显影前和显影后的实地密度，并经过计算得到的，是判断显影效果的一个重要指标。若显影过程中显影过度，则版材的留膜率较低，此时印版上的网点达不到正常范围内的再现，在印刷过程中会出现掉版、网点（阶调）不能够正确再现等故障。为了保证留膜率能达到要求，在实际生产使用中，对于 CTP 版，其留膜率必须保持在 90% 以上。测量留膜率时，必须保证显影前后的测量点为同一个点，且应把版基的反射密度考虑进去。假设白版基反射密度为 D_0，显影前实地密度为 $D_前$，显影后的实地密度为 $D_后$，则留膜率 = $(D_后 - D_0)/(D_前 - D_0) \times 100\%$。

对留膜率影响较大的因素有显影温度、显影时间（显影速度）、显影毛刷压力和显影液对感光胶的溶解能力 4 个。显影温度对留膜率的影响排首位，且显影过程中需注意整个显影槽内温度的均匀性，需用温度计进行多点测量，且各个测点的温度差值应控制在 0.3 ℃ 以内。显影时间也是影响印版留膜率的一个重要指标，且在显影液浓度不变的前提下，CTP 印版对显影时间的要求要比传统印版对显影时间的要求严格得多，实际操作时同样要注意其均匀性。显影过程中，要注意毛刷压力的大小，且应左右均匀。由于显影液的消耗和自身氧化作用，显影液的溶解能力在整个使用周期中并不是一成不变的，相应地会对版材的留膜率造成影响。

六、印版空白密度

印版空白密度是显影后版基空白部分的干净程度，它对印刷过程中版基的亲水性以及是否上脏起决定性作用。显影过程中，应保证 CTP 版基的空白密度不要过高。空白密度越低，显版密度越接近版基密度，说明显影越干净；空白密度过高（超过 0.3），则容易引起印刷过程中的印版上脏等问题。对于 CTP 版材空白部分（即空白密度）的检测，可选用修版笔涂改空白部位来改进，并通过对比涂改区和未涂改区的反差确定空白部分的干净程度。若两者间反差极小，则 CTP 版材空白部分干净。

七、CTP 曲线

以曲线数值方式表示 CTP 输出网点百分比的理想数值与实际数值的状况。CTP 曲线主要分校正曲线、油墨曲线（色调曲线）两种。如图 5.41 所示，选择的是一条校正曲线。

图 5.41 （此图以 Harlequin RIP 做参考）

CTP 油墨曲线（Tone curve）实际上是印刷校正曲线，通过此曲线控制对印刷网点扩大进行补偿。实际印刷中都会有一定的扩大率，通过油墨曲线对印刷网点扩大进行一定的补尝以保证印刷的品质。通过测版仪（见图 5.42），可直接获得 CTP 版上的网点面积（参考 DigiDens T6CR 使用说明）。

图 5.42　DigiDens T6CR 测版仪

八、CTP 曲线的制作

目前 CTP 曲线制作方法常用的有两种，一种是量取晒版曲线，即将晒版曲线直接当 CTP 曲线用；另一种是测量印刷网点扩大，直接对 CTP 版上网点做相应的补偿。

1. 晒版曲线方法的分析

传统晒版一直沿用至今，可以说是所有人都认可的印刷工艺。在 CTP 版上直接用晒版所得曲线是最直截了当的，但在使用晒版曲线的同时，也将传统工艺的问题带到了 CTP 版上，菲林的制作过程、晒版的制作过程都会经过相当多的不确定因素，这些因素都是成几何级的变化，所以在用晒版曲线做为 CTP 曲线的依据前，一定要确定菲林的标准及晒版的标准。（此方法未加任何印刷因素）

2. 直线出版印刷方法的分析

用直线出版印刷，可以说是直接修改最终结果。此方法需要在一个标准的印刷过程中取数据，在印刷过程中同样存在着许多应该注意的因素。但此方法是对最终结果进行补偿，去除了印刷以外的因素，所以准确性是最好的。

注意：在标准印刷工艺制作过程中，一般建议用直线出版印刷，直接修改最终结果，从而得到 CTP 曲线。由于如今的直接制版技术水平已经相当成熟，本实训项目采用直线出版方法制作 CTP 线性化曲线。

【练习与测试】

一、简答题

1. 简述 PS 版的晒版工艺。
2. 简述影响晒版质量的因素。
3. 简述无水胶印的主要特征及应用。
4. 简述 PS 版晒版中常见问题及处理方法。
5. 简述冲版中常出现的问题及处理办法。
6. 简述烤版中常出现的问题。
7. 简述 PS 版在印刷过程中易出现的问题。
8. 怎样选择正确的输出网角？
9. 通过对 PS 版亲水性能的检测，得到当印版具有最佳输出阶调值时接触角的范围是多少？

二、能力训练

使用印版测定仪通过测定印版的网点变化，从而作出印版输出的标准化曲线。

项目六　橡皮布性能检测

【背　景】

橡皮布是包裹在橡皮滚筒外面，将印刷图文和网点从吸附了油墨的印版转移到承印物上的媒介物，它能使图文清晰，缓冲撞击，缓解印版磨损。因其表面呈现的是正向图文，因而便于识别。它由橡胶层和织布层组成，是决定和控制平版印刷品质量的重要因素。油墨由印版转印到橡皮布上，再由橡皮布转印到承印材料上。橡皮布的橡胶层通常为合成橡胶，按功能和用途分为转印用橡皮布和压印滚筒衬垫用橡皮布，通常使用的是转印用橡皮布。按结构分为不可压缩的普通橡皮布和可压缩的气垫橡皮布。按使用油墨的干燥方式，以及对应橡胶的成分不同，又可分为普通橡皮布、UV 印刷用橡皮布。

【能力训练】

任务　橡皮布的选择、尺寸和厚度检测

通常要求橡皮布有均匀的厚度、良好的弹性和平整性、较低的伸长率和良好的油墨吸附性能，以及耐酸耐油亲水性能。

（一）任务解读

根据印刷机类型、纸张、油墨类型和印刷质量要求选用橡皮布。目前多色机和印品质量要求较高时一般使用气垫橡皮布，单色文字印刷可选用普通橡皮布，UV 印刷需选用 UV 橡皮布。根据具体型号的不同，有的橡皮布也预先进行了包边处理。

普通橡皮布：又称实地型橡皮布，由表面胶层、织布层和弹性胶层组成，厚 1.8 ~ 1.95 mm。在动态印压状态下，被压缩部分表面胶层会向两端伸展，产生挤压变形，出现"凸包"，引起印迹或网点位移与变形。

气垫橡皮布：又称气垫式可压缩型橡皮布，由表面胶层、气垫层、弹性胶层和织布层组成，厚 1.65 ~ 1.95 mm，有 3 层和 4 层结构。在表面胶层的下面与第 2 层织布间有一层厚 0.4 ~

0.6 mm 的微孔状气垫层。在压印中不会向两端伸展，也不产生"凸包"，压印区域内受力得到均匀分布，不易出现网点变形和双影；可在规定范围内任意调节印刷压力，对"墨杠""条痕"等故障起到缓解作用。图 6.1 所示为放大后的气垫橡皮布，可以明显看到气泡结构。

图 6.1　气垫橡皮布剖面放大 20 倍，可见气泡结构

（二）设备、材料及工具准备

（1）材料：橡皮布。
（2）工具：1.5 m 钢直尺，螺旋测微计。

（三）课堂组织

分组，5 人 1 组，实行组长负责制；每人领取 1 份实训报告；橡皮布尺寸、厚度测定结束时，教师根据学生的操作过程及测定结果进行点评；现场按评分标准在报告单上评分。

（四）调节步骤

（1）试样选取及长宽测量。选取一定尺寸的橡皮布，使用长 1.5 m 钢直尺测量橡皮布的长宽尺寸，测量时应使钢直尺刻度与橡皮布边缘平行，根据使用机型的不同，橡皮布有不同的尺寸。

（2）橡皮布厚度测量。图 6.2 所示为对橡皮布厚度的测量，使用最小分划值为 0.01 mm 的螺旋测微计测量橡皮布断面的厚度，测量时应使测杆与橡皮布断面垂直，左手持尺架，右手转动粗调旋钮使测杆与测砧间距稍大于橡皮布，放入橡皮布，转动保护旋钮到夹住被测物，直到棘轮发出声音为止，拨动固定旋钮使测杆固定后读数。读数为固定刻度＋半刻度＋可动刻度＋估读。

图 6.2　橡皮布厚度的测量

【知识拓展】

一、橡皮布的性能

为了获得清晰实在的图文和网点、均匀的墨色，橡皮布在印刷转印中的作用要求其具备稳定的物理机械和化学性能。

1. 外观性能

平整度。为了不出现印刷转印时的图文残缺、印迹发虚、模糊和墨色不匀，要求橡皮布表面厚度差小于 0.04 mm，可用螺旋测微计测量橡皮布四周和中间的厚度求平均值得到。表面平滑度，要求橡皮布表面有较高的平滑度，但不允许光滑。要求无皱褶和折痕。

2. 物理性能

（1）拉伸强度。橡皮布安装在橡皮滚筒上后，在圆周方向会受到很大的拉伸力，其强度由橡胶层和纤维织布层决定，主要取决于纤维织布层的强度。

（2）伸长率。伸长率取决于纤维织布层的密度和结构强度。印刷要求其伸长率越小越好，通常张紧在橡皮滚筒上时应在 2% 以下。

（3）压缩变形。压缩变形指橡皮布经多次压缩后产生的永久变形的程度。印刷要求其压缩变形越小越好，由于气垫橡皮布有气泡结构，可被压缩 4%～8% 而有较高的压缩率，因而压缩变形小，比普通橡皮布更能满足印刷对网点还原的要求。

（4）定负荷伸长率。定负荷伸长率指橡皮布在一定张力作用下，在一定负荷时间内，其伸长部分与原长度之比，通常要求小于 5%。

3. 化学性能

（1）亲水耐酸性。印刷过程中，橡皮布会不断吸附印版上的润版液，而润版液偏酸性，因此要求橡皮布有较好的亲水耐酸性。

（2）耐油性。油墨中含有植物和石油溶剂，橡皮布清洗等要使用汽油、清洗剂等溶剂，因此要求橡皮布表面胶层有较好的耐油和耐溶剂性。

（3）抗老化性。橡皮布在印刷生产中受力、与油墨、溶剂不断作用条件下的持续使用，要求橡皮布在其使用期限内有良好的抗老化性能，保持其各项性能指标的稳定。

4. 印刷性能

（1）吸墨性。吸墨性是橡皮布进行图文转印的首要条件，吸墨性好，吸附的油墨就充足。

（2）传墨性。橡皮布传墨性好，图文转印的效果就好，否则就会造成油墨在橡皮布表面堆积、糊版等质量问题。

（3）硬度和弹塑性。橡皮布硬度高，网点清晰、完整，但耐印率低，应根据印刷机制造精度、印刷质量要求、印刷数量等条件来选择表面平滑度高、质量要求高的承印物。弹塑性好的橡皮布可降低印刷压力的使用值，优于弹塑性差的橡皮布。

二、胶辊的性能

胶辊是由合成橡胶制成的圆柱体胶层和金属辊芯构成。墨辊的橡胶层由表面胶层、过桥胶层和硬胶层 3 部分构成，厚度一般有 6~8 mm、8~10 mm、2~3 mm 3 种。

金属辊芯是实心或中空圆柱体，表面车有螺纹，中间空白无螺纹。辊芯壁厚应均匀一致，两端轴头与轴承必须压配牢固，并标有标准中心的顶针孔，辊芯的重心必须平衡。

有的水辊（如国产 08 机）外需套水辊套：绒布或绒布套，绒布套有不同的直径可供选择，需常洗水辊。

1. 力学性能

力学性能包括表面平整度、洁净度、硬度、弹性、抗张强度和伸长率等。墨辊的硬度是决定油墨传递性能的因素之一，硬度应适中，弹性要好。若硬度高、弹性低，会影响墨辊对油墨的吸附和传递。墨辊表面要保持一定的微坑，有一定粗度，不能发亮，同时应保持直径的尺度，磨损后直径缩小超过 2 mm，即应更换。

2. 化学性能

化学性能包括耐油性、耐酸性、耐溶剂性和抗老化性等。在印刷过程中，还要求其有较好的印刷适性，如亲墨性、传墨性、弹塑性和耐磨性。UV 胶辊还要有对 UV 油墨较高的耐受力。

3. 胶辊直径和硬度的测量

（1）直径：用游标卡尺测量辊筒的外径。

（2）硬度：用邵氏硬度计测胶辊橡胶的硬度，如图 6.3 所示。

将硬度计垂直于胶辊表面圆弧（切线方向），下压测针，直到硬度计圆柱下表面与胶辊表面完全接触，此时读数就是硬度值。普通胶辊通常为 25°～35°，UV 胶辊则为 40°～45°，两用辊为 38°（参照各机型的规定）。图 6.4 所示为普通胶辊的测试。

图 6.3　邵氏硬度计

图 6.4　测量胶辊硬度（实测值为 30°）

【练习与测试】

简答题

1. 气垫橡皮布的结构是怎样的？为什么它适用于高品质要求的平版印刷？
2. 如何测量胶辊的硬度？

项目七   润版液性能检测

【背　景】

使用润版液的目的是保持印版空白部分与图文部分的平衡，形成水膜，保护空白部分，防止脏版；与版基反应形成新的亲水层，维持印版空白部分的亲水性；控制印版表面温度，调整油墨温度，防止油墨因温度升高而过分铺展。

润版液一般有 3 种类型，普通润版液：主要由能与印版空白部分起反应，生成不溶于水的亲水无机盐的酸和铵盐等和水配制而成。醇类润版液：由异丙醇、乙醇和水等配制而成。为减少乙醇等的挥发，需将润版液的温度控制在 10 ℃ 以下。非离子表面活性剂润版液，一般是把非离子表面活性剂加入含有其他电解质的水溶液配制而成。通常使用较多的是醇类润版液，在使用时加入带制冷装置的润版液箱中。

润版液要保持一定的酸碱度，润版液的酸性过高或过低，都不利于印版的润湿。衡量酸碱度的参数是 pH 值，pH 值过低，会造成印版被腐蚀、油墨干燥延缓等问题；pH 值过高，会导致光分解型 PS 版的图文被溶解、油墨乳化等问题。PS 版润版液的 pH 值应为弱酸性，通常为 4.5～6。实际生产中也可根据油墨、承印材料和环境温湿度适当调整。如纸张的 pH 值高，可适当降低润版液 pH 值，印刷实地版的润版液 pH 值也可适当调低。

【能力训练】

任务　润版液 pH 值检测

（一）任务解读

润版液的酸碱度适当，有利于保持印版图文部分与空白部分的水墨平衡。测量润版液的 pH 值，可以掌握并正确控制润版液的调配比例，保持正确的酸碱度，从而保证印刷质量，防止印版不耐印、油墨干燥延缓等故障。

（二）材料及工具准备

（1）材料：已配好的润版液。
（2）工具：哈纳（HANNA）pH 计，型号 HI8424。

（三）课堂组织

分组，5 人 1 组，实行组长负责制；每人领取 1 份实训报告，测定结束时，教师根据学生的操作过程及测定结果进行点评；现场按评分标准在报告单上评分。

（四）调节步骤

（1）试样选取。用洁净干燥的 100 mL 烧杯盛取可淹没测量电极的润版液。

（2）仪器条件及测量。将 pH 电极（见图 7.1）和温度探棒与主机连接；开机；仪器自检并显示电池电量后进入测量模式；测量前取下电极保护帽（见图 7.2）；将电极和温度探棒浸入待测样品液面下 4 cm（见图 7.3）；按 RANGE 键选择 pH 测量（见图 7.4）；轻轻搅拌；待读数稳定（沙漏图形消失），屏幕显示即为经温度补偿的 pH 值。为保证测量精度，pH 计需定期按说明书的要求进行校准。

另外，也可用 pH 试纸测量，将试纸在样品液中沾湿，与其比色板比对即得 pH 值。

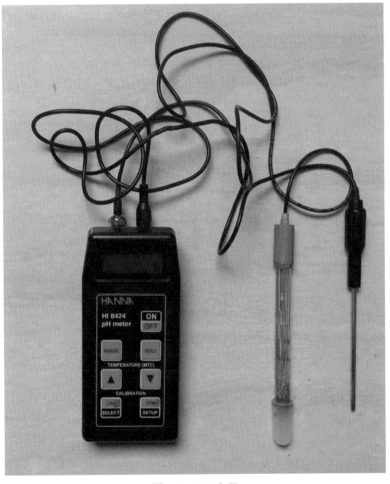

图 7.1　pH 电极

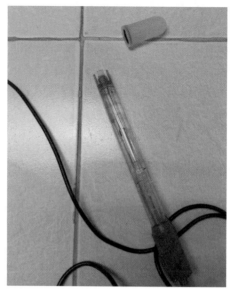

图 7.2　取下电极保护帽

图 7.3　将电极和温度探棒插入待测样品液面下 4 cm

图 7.4　按下 RANGE 键选择测量 pH 值

【知识拓展】

一、电导率

电导率反映溶液的导电度，单位是µS/cm（S 读作西门子），电解质越多，电导率越高。润版液要保持合适的电导率，理想范围是 500～1 000 µS/cm，原水 250～300 µS/cm，硬度高的水中因有钙、镁离子而电导率较高。润版液电导率过高会导致：油墨浓度不易控制，印刷满版底色困难；油墨乳化，影响网点还原，模糊、图文发花；图文着墨不良，损伤印版图文。电导率过低则印版空白部分易干燥而吸墨、图文易糊版、橡皮布堆墨、版面易浮脏。

为了保证润版液配制的准确和配制的质量，需要对配制使用的水进行进一步净化处理。降低水的硬度，检验方法之一就是测量润版液的电导率。

二、溶液电导率的测量

（1）使用哈纳（HANNA）HI8733 电导率计测量：插上电极，注意对好插座上的针孔。

（2）确保仪器已校准；将电极插入样品内，注意电极上的小孔也浸没在溶液内（使用塑料容器）；把电极轻触容器底部，排出 PVC 套内可能产生的气泡。

（3）按 ON\OFF 键打开仪器，选择适当的测量范围。

（4）将温度系数调钮旋至 2%来补偿温度影响。测量前等待几分钟，使温度感应器与样品达到热平衡，若样品温度低于 20 ℃或高于 30 ℃，则需等待更多时间。

（5）测量完后，关闭仪器，彻底清洗电极并使之干燥。

润版液电导值超过 2 000 µS/cm 应考虑更换。

【练习与测试】

简答题

1. 测量润版液 pH 值时应注意哪些问题？
2. 测量润版液 pH 值的常用方法是什么？

参考文献

[1] 丛娟，贺换祥. 单张纸胶印油墨结皮现象分析及处理[J]. 印刷杂志，2012：45-47.

[2] 刘家聚. 包装印刷油墨结皮的危害及预防[J]. 广东印刷，2014：70-71. 第 1 期.

[3] 京京. 防止油墨结皮的常用措施[J]. 中国包装报，2011 年 8 月.

[4] 方燕，朱克永，黄文均，等. 废旧油墨的再生处理与利用的研究[J]. 包装工程，2012：137-141. 第 3 期.

[5] 彭飞. 共沸蒸馏技术在氯苯废水处理中的应用[J]. 河南化工，1999（7）：38-39.

[6] 刘志奎，殷康. 共沸蒸馏治理苯胺废水技术示范[J]. 化工矿物与加工，2003（3）：33-35.

[7] 朱天明. 设计印刷标准色谱[M]. 北京：化学工业出版社，2008.

[8] 凌云星. 实用油墨技术指南[M]. 北京：印刷工业出版社，2007.

[9] 熊祥玉. 油墨色彩及色差的数据测量（一）[J]. 丝网印刷，2001：25-30. 第 4 期.

[10] 朱也莉. 上转换发光纳米 ZrO_2 的制备及在红外防伪油墨中的应用[D]. 北京：北京化工大学，2006.

[11] 陈正伟. 印刷包装材料与适性[M]. 北京：化学工业出版社，2009.

[12] 钱军浩. 印刷油墨的应用技术[M]. 北京：化学工业出版社，2010.

[13] 严美芳，徐敏. 纸张的色相与印刷品色彩再现研究[J]. 包装工程，2012，33（21）：103-106.

[14] 皮阳雪，龚海森. 油墨配色软件调配专色墨实例[J]. 印前技术，2014：34-36. 第 5 期.

[15] 齐成. 包装印刷中专色油墨的调配和使用[J]. 机电信息，2015，14：19-23.

[16] 郭婷，田学军，黎厚斌，等. 胶印专色油墨计算机配色实验研究[J]. 荆楚理工学院学报，2014，2（29）：15-20.

[17] 刘海燕. 胶印专色油墨配色实践与分析[J]. 包装工程，2010，19（31）：91-98.

[18] 董娟娟. 专色油墨配色系统中目标色的测量[J]. 文学艺术，2012，9：119-120

[19] 付文亭. CTP 印版显影参数设置研究[J]. 包装学报，2014，1（6）：53-56.

[20] 吴龙苏. CTP 质量控制与检查[J]. 印刷杂志，2014：44-45. 第 9 期.

[21] 郑李霞，胡媛. 简述制版测控条在 CTP 制版系统中的应用[J]. 广东印刷，2011：32-33. 第 5 期.

[22] 黄文锋. 胶印 PS 版耐印力的探讨[J]. 广东印刷，2014：46-48. 第 1 期.

[23] 李聪，易尧华，苏海，等. 印版网点参数测量方法研究[J]. 中国印刷与包装研究，2014，12（6）：75-85.

[24] 李晓明. 确保 CTP 印版质量应控制的条件[J]. 广东印刷，2014：20-22. 第 5 期.

[25] 第三届全国印刷技能大赛赛前培训资料. 海德堡印刷媒体学院.